常见淡水动物

动物百科编委会　编著

中国大百科全书出版社

图书在版编目（CIP）数据

常见淡水动物 / 动物百科编委会编著 . -- 北京 :
中国大百科全书出版社，2025. 1. --（动物百科）.
ISBN 978-7-5202-1682-1

Ⅰ . Q178.51-49

中国国家版本馆 CIP 数据核字第 2025QG2921 号

总 策 划：刘　杭　郭继艳
策划编辑：张会芳
责任编辑：张会芳
责任校对：梁嬿曦
责任印制：王亚青
出版发行：中国大百科全书出版社有限公司
地　　　址：北京市西城区阜成门北大街 17 号
邮政编码：100037
电　　话：010-88390811
网　　址：http://www.ecph.com.cn
印　　刷：唐山富达印务有限公司
开　　本：710mm×1000mm　1/16
印　　张：10
字　　数：100 千字
版　　次：2025 年 1 月第 1 版
印　　次：2025 年 1 月第 1 次印刷
书　　号：ISBN 978-7-5202-1682-1
定　　价：48.00 元

—— 总 序

这是一套面向大众、根植于《中国大百科全书》第三版（以下简称百科三版）的百科通俗读物。

百科全书是概要记述人类一切门类知识或某一门类知识的完备的工具书。它的主要作用是供人们随时查检需要的知识和事实资料，还具有扩大读者知识视野和帮助人们系统求知的教育作用，常被誉为"没有围墙的大学"。简而言之，它是回答问题的书，是扩展知识的书。

中国大百科全书出版社从1978年起，陆续编纂出版了《中国大百科全书》第一版、第二版和第三版。这是我国科学文化建设的一项重要基础性、标志性、创新性工程，是在百年未有之大变局和中华民族伟大复兴全局的大背景下，提升我国文化软实力、提高中华文化国际影响力的一项重要举措，具有重大的现实意义和深远的历史意义。

百科三版的编纂工作经国务院立项，得到国家各有关部门、全国科学文化研究机构、学术团体、高等院校的大力支持，专家、学者5万余人参与编纂，代表了各学科最高的专业水平。专家、作者和编辑人员殚精竭虑，按照习近平总书记的要求，努力将百科三版建设成有中国特色、有国际影响力的权威知识宝库。截至2023年底，百科三版通过网站（www.zgbk.com）发布了50余万个网络版条目，并陆续出版了一批纸质版学科卷百科全书，将中国的百科全书事业推向了一个新的高度。

重文修武，耕读传家，是我们中国人悠久的文化传承。作为出版人，我们以传播科学文化知识为己任，希望通过出版更多优秀的出版物来落实总书记的要求——推动文化繁荣、建设中华民族现代文明，努力建设中国式现代化强国。

为了更好地向大众普及科学文化知识，我们从《中国大百科全书》第三版中选取一些条目，通过"人居环境""科学通识""地球知识""工艺美术""动物百科""植物百科""渔猎文明""交通百科"等主题结集成册，精心策划了这套大众版图书。其中每一个主题包含不同数量的分册，不仅保持条目的科学性、知识性、准确性、严谨性，而且具备趣味性、可读性，语言风格和内容深度上更适合非专业读者，希望读者在领略丰富多彩的各领域知识之时，也能了解到书中展示的科学的知识体系。

衷心希望广大读者喜爱这套丛书，并敬请对书中不足之处给予批评指正！

《中国大百科全书》编辑部

"动物百科"丛书序

　　全球已知有 150 多万种动物，包括原生动物、多孔动物、刺胞动物、扁形动物、线形动物、苔藓动物、环节动物、软体动物、节肢动物、棘皮动物、脊索动物等，个体小至由单细胞构成的原生动物，大至体长可达 30 多米的脊索动物蓝鲸，分布于地球上所有海洋、陆地，包括山地、草原、沙漠、森林、农田、水域以及两极在内的各种生境，成为自然环境不可分割的组成部分。

　　除根据动物分类学将动物分类外，还可根据动物的种群数量、生活环境、对人类的利弊、生物习性等进行分类。有的动物已经灭绝，有的动物仍然生存繁衍。但现存动物中一部分已经处于濒危、近危、易危状态，需要我们积极保护。还有一部分大量存在的动物，有的于人类相对有益，如家畜、家禽、鱼虾蟹贝类、传粉昆虫、害虫的天敌等，是人类的食物来源和工业、医药业的原料，给人类的生存和发展带来了巨大利益；有一些动物（如猫、狗）是人类的伴侣，还有一些动物可供观赏。有些动物于人类相对有害，破坏人类的生产活动（如害虫、害兽）或给人类带来严重的疾病。动物的生活环境也不尽相同，有终生生活在陆地上的陆生动物，有水陆两栖的两栖动物，有终生生活在水中的水生动物，其中水生动物还可分为淡水动物和海水动物。此外，自然界的动物习性多样，有的有迁徙（洄游）习性，有的有冬眠习性。

　　为便于读者全面地了解各类动物，编委会依托《中国大百科全书》

第三版生物学、渔业、植物保护学、畜牧学等学科内容，组织策划了"动物百科"丛书，编为《灭绝动物》《保护动物》《有益动物》《有害动物》《常见淡水动物》《常见海水动物》《畜禽动物》《迁徙动物》《冬眠动物》等分册，图文并茂地介绍了各类动物。必须解释的是，动物的有害和有益是相对的，并非绝对的；动物的灭绝与否、受保护等级等也会随着时间发生变化，本丛书以当前统计结果为依据精选了相关的内容。因受篇幅限制，各类动物仅收录了相对常见的类型及种类。

希望这套丛书能够让更多读者了解和认识各类动物，引起读者对动物的关注和兴趣，起到传播科学知识的作用。

动物百科丛书编委会

目　录

第1章　鱼类　1

第2章 两栖类 99

第7章 龟、鳖类 133

鱼类

青 鱼

青鱼是动物界脊索动物门硬骨鱼纲鲤形目鲤科雅罗亚科青鱼属唯一种,俗称青鲩,又称乌青、螺蛳青、黑鲩、青根子、铜青、五侯青(古名)。青鱼与鲢、鳙、草鱼合称"四大家鱼"。青鱼是中国主要淡水增殖、养殖鱼类之一。

青鱼自然分布于中国各大江河湖泊,主要分布于长江及以南平原地区。

◆ 形态特征

青鱼体圆筒形,腹圆,无腹棱,尾部稍侧扁。头稍尖,宽平。口端位。吻钝,但较草鱼尖突。无须。咽头齿臼齿状。鳃耙15～21个,短小,乳突状。鳞大,圆形,侧线鳞39～45。体色青黑,背部较深,腹部较淡。胸鳍、腹鳍、臀鳍均为深黑色。

◆ 生活习性

青鱼性温和。喜清新水质,较草鱼耐肥水。底栖,一般不游近水面。多集中在食物丰富的江河弯道和沿江湖泊中摄食肥育,在深水处越冬。

行动有力，不易捕捉。水温在 0.5 ～ 40℃都能存活。鱼苗至夏花阶段以轮虫、枝角类等浮游动物为食；鱼种阶段以球蚬、螺蚬幼体和虾类为食；体重 0.5 千克左右可以螺蚬成体为食，摄食时先将螺蚬吞到咽喉部，用咽齿和角质垫压碎硬壳并食其肉。在淡水池塘养殖条件下，也能摄食人工配合饲料。

◆ **生长与繁殖**

青鱼繁殖与生长的最适温度为 22 ～ 28℃。生长快，以 3 ～ 4 龄增长最快。最大个体 109 千克、1.86 米长、40 龄。长江中自然生长的青鱼体重 1 龄 0.46 千克，2 龄 2.93 千克，3 龄 7.63 千克，4 龄 12.78 千克，5 龄 16.65 千克，6 龄 20.23 千克。在池塘养殖条件下，体重净增 1 千克需饲喂带壳螺蚬 30 ～ 40 千克。商品规格 3 ～ 4 千克。养殖周期 3 ～ 4 年。长江流域雌鱼通常 4 ～ 5 龄，体重 15 千克左右性成熟；雄鱼较雌鱼早 1 年性成熟，重约 11 千克。平时多在螺蚬较多的通江湖泊中生长、发育。体重 18 千克怀卵约 150 万粒，20 千克怀卵在 200 万粒以上。刚产出的卵淡青色，卵径 1.5 ～ 1.9 毫米，卵膜薄而透明，无黏性，为半漂浮性卵，需在流水中孵化。春天，性成熟亲鱼洄游到江河中逆流到产卵场产卵、排精，完成受精。生产上常采用人工繁殖获得青鱼苗种，经人工催产每千克体重约可获卵 5 万粒。

◆ **养殖概况**

根据 2022 年《中国渔业统计年鉴》统计，中国 2021 年青鱼养殖产量为 71.65 万吨。长江流域湖北、江苏、湖南、安徽、江西等省为主要养殖地区。青鱼经食性转化后可摄食人工配合饲料，已进行池塘规模化养殖。随人们消费观念改变，具有一定的养殖前景。

◆ **价值**

青鱼肉质鲜美、营养价值高，为淡水鱼中上品。

草 鱼

草鱼是动物界脊索动物门硬骨鱼纲鲤形目鲤科雅罗亚科草鱼属唯一种。俗称鲩、草鲩、白鲩、草根子、混子鱼、厚鱼、搞子鱼等。主要淡水增殖、养殖鱼类之一，与鲢、鳙、青鱼合称"四大家鱼"。以食草而得名。

草鱼自然分布于中国的各大江河与湖泊中。20 世纪 60 年代，由中国引入苏联和一些欧美国家，逐渐成为这些国家的重要养殖对象。由于草鱼以草为食、生长快，东南亚国家很早就从中国引进养殖。有的国家移植草鱼是为经济而有效地清除水草，防止水体沼泽化，因此草鱼又被称为"拓荒者"或"除草机器"。

◆ **形态特征**

草鱼体长筒形，腹圆，无腹棱，尾部侧扁。头钝。吻短钝，吻长稍大于眼径。口端位，口裂宽，口弧形。上颌略长于下颌，上颌骨末端伸至鼻孔的下方。唇后沟中断，间距宽。眼中大，位于头侧的前半部。眼间宽，稍凸，眼间距约为眼径的 3 倍。咽齿 2 行，齿梳形，齿面呈锯齿状，两侧咽齿交错相间排列。胸鳍短，末端钝，鳍条末端至腹鳍起点的距离大于胸鳍长的 1/2。背鳍无硬刺，外缘平直，位于腹鳍的上方，起点至尾鳍基的距离较吻端为近。臀鳍位于背鳍的后下方，起点至尾鳍基的距离近于至腹鳍起点的距离，鳍条末端不伸达尾鳍基。尾鳍浅分叉，上下叶约等长。鳞片中大，圆形，边缘略暗，侧线鳞39～46。体茶黄色，背部青灰，腹部灰白，胸鳍、腹鳍灰黄色，其他各鳍淡灰色。肠长，多次盘曲，为体长的 2.3～3.8 倍。

草鱼

◆ 生活习性

草鱼通常生活于水体中下层。喜在被水淹没浅滩草地和泛水区域及水草丛生的湖泊、河流中生活。性情活泼，游泳快，受惊时会跳出水面。喜清新水质。冬季性成熟个体由湖泊进入江河干流的深水处越冬。对温度的适应能力较强，在 0.5～38℃能存活，生长最适温度为 25～30℃。鱼苗至夏花阶段以轮虫、枝角类等浮游动物为食；鱼种阶段随鱼口径增大和咽齿发育，可摄食芜萍、小浮萍、紫背浮萍、幼嫩水草和陆草；成鱼以水生植物及江湖岸边被淹没的陆生植物为食。陆生植物中以缩根黑麦草、苏丹草、紫花苜蓿等为最佳草料，也喜食各种瓜叶、菜叶和甘薯蔓叶等。随着生活环境条件的变化，摄食的植物种类也有很大的改变，如在长江上游江段也常吞食着生丝状藻类等。特别是在人工饲养条件下，草鱼的饲料非常广泛，除上述种类外，还可投喂豆饼、酒糟、谷类种子、各种瓜菜叶茎、蚕蛹、昆虫、蚯蚓等。从某种意义上讲，草鱼又可属以植物性饵料为主的杂食性鱼类。对草类的消化率差，靠提高摄食量来弥补，摄食量约为体重的 40%，最大为 60% ～ 70%。草鱼净增 1 千克需水草 60 ～ 80 千克或陆生旱草 20 ～ 25 千克。在人工养殖条件下，可以摄食人工配合饲料。

◆ **生长与繁殖**

草鱼生长快，是鲤科鱼类中的大型经济鱼类，最大个体 30 千克左右；据文献记载，长江流域曾捕捞过 35 千克的草鱼，但常见最大个体在 15 ～ 20 千克。长江中自然生长的草鱼体重，1 龄鱼 0.78 千克，2 龄 3.60 千克，3 龄 5.40 千克，4 龄 7.00 千克，5 龄 8.10 千克。以 2 ～ 3 龄增长最快，5 龄以后生长明显减慢。在池塘人工投喂配合饲料的养殖条件下，比天然水体生长更快。草鱼上市规格通常为 1.5 ～ 3.0 千克。长江流域草鱼养殖周期为 2 ～ 3 年，珠江流域为 2 年，东北地区为 3 ～ 4 年。

草鱼的产卵季节一般较青鱼稍早，常在 4 月底或 5 月初开始，6 月底或 7 月上旬结束，产卵场广泛分布于长江干流，特别是宜昌以上江段为草鱼产卵场的主要分布区。葛洲坝水利枢纽截流后，坝上江段的产卵场仍然存在。湘江、赣江、汉江等支流也有草鱼产卵场分布。草鱼产卵要求的外界水文条件和其他家鱼基本相同。成熟亲鱼出现副性征，表现在胸鳍上有"珠星"，雄鱼较雌鱼显著，在胸鳍条上的排列既长又宽。雌草鱼在长江流域通常 4 龄成熟，体重为 6 千克左右；珠江流域则早 1 年成熟，东北地区则较长江流域晚 1 ～ 2 年成熟。雄鱼各流域较雌鱼早 1 年成熟。草鱼怀卵量随体重增加而增加。6 ～ 12 千克的雌草鱼怀卵量为 30 万～ 138 万粒。长江流域 4 ～ 6 月，性成熟的亲鱼洄游到江河中逆流而上，在水流湍急、流速达 1.3 ～ 2.5 米/秒、流态混乱的江段产卵。

产卵最适水温为 22 ～ 28℃。低于 18℃不产卵。产卵前雌雄亲鱼互相追逐，分别产卵与排精，并完成受精。产出的卵淡青色，卵膜无黏性、透明。受精后吸水膨大，受精卵在流水中呈半漂浮状态，水温 22 ～ 23℃时约 35 小时孵化出膜。刚孵出鱼苗长 6.5 毫米，无色透明，躯干部肌节 28 ～ 30 对，这是区别于青鱼、鲢、鳙的特征之一。出膜后 3 ～ 4 天鳔充气，鱼苗能平游，卵黄囊基本消失，开始主动摄食。孵出后约 5 天，鳞片生出，各鳍形状已和成鱼相似。孵出后约 6 天，头背部出现许多黑色素花，胸鳍基部有 4 ～ 5 堆呈弧状排列的黑色素花，这也是与青鱼苗的重要区别之一。

◆ **增养殖**

中国具有久远的草鱼养殖史。草鱼养殖长期以池塘养殖为主，常见病害有草鱼出血病、草鱼烂鳃病、草鱼赤皮病、草鱼肠炎病等。由于自然水域草鱼量下降，草鱼增殖成为恢复自然水体草鱼种群的重要方式之一。

草鱼要到流水中才能产卵，过去苗种来源主要靠捕捞天然水域的苗种，现人工繁殖技术已突破，草鱼养殖普及率更高。

◆ **价值**

草鱼生长快，饲料来源广又便宜，肉味鲜美，历来受到人们的喜爱，是中国特有的优良养殖对象。可加工成糟制和熏制品，或油浸草鱼罐头。加之，草鱼能迅速清除各种水草，更适合在水草丛生的湖泊中放养。但草鱼要到江河流水中才能产卵，过去苗种来源主要靠到长江中捕捞，使草鱼的养殖业受到一定的限制，现在草鱼的人工繁殖技术已经普及，改变了过去被动的局面，草鱼的养殖业得到非常大的发展。

鲤

鲤是动物界脊索动物门硬骨鱼纲鲤形目鲤科鲤属一种中型淡水经济鱼类。又称鲤拐子、鲤子。鲤是鲤科的代表性鱼种，也是中国最早的选育鱼种。

鲤起源于东南亚，后广泛分布于亚洲和欧洲的许多自然水体。中国除西北高原少数地区外，全国各水系均有分布。

◆ 形态特征

鲤体侧扁而腹部圆，背部隆起。头较小。口下位或亚下位，呈马蹄形。鲤触须 2 对，前须长约为后须长的一半。下咽齿 3 行，主行第一枚为光滑圆锥形的粗壮齿，第二枚齿的齿冠上有 2 ～ 3 道沟纹。鳃耙（左侧第一鳃弓）外侧 19 ～ 24。体表覆盖较大的圆鳞，各鳞片后部有小黑点组成的新月形斑。背鳍硬刺的最后一枚粗壮且后缘呈锯齿状，鳍式为 3（4），16 ～ 21。臀鳍 3，5，亦有一后缘带锯齿的粗大硬棘。鳔分两室，前室较后室大，后室末端稍尖，呈锥状。脊椎骨 4+33 ～ 35。鲤体色因水体不同而有较大的变异，背部颜色深于其他部位，为灰黑色或黄褐色；腹部银白色或浅灰色；臀鳍和尾鳍下叶呈橙红色。

◆ 生活习性

鲤多栖息于水体底层和水草丛生处，适应性较强，清、浊水体均可生存。鲤为广温性鱼类，能适应 1.5 ～ 35℃的水体环境，生长适宜水温为 21 ～ 27℃。水温 5 ～ 32℃时，窒息点为 0.21 ～ 0.59 毫克 / 升。鲤杂食性，也摄食人工配合饲料。水温 10 ～ 28℃均可进食，以 7 ～ 8 月食量最大，生长也最快。

◆ 生长与繁殖

鲤生长快，生长速度因地而异。自然条件下，黑龙江地区平均体重1龄0.03～0.06千克；2龄0.14～0.20千克；3龄0.23～0.60千克；4龄0.48～1.25千克；5龄1.35～1.50千克；最大可达18千克。长江以南地区生长期较长，不同年龄段育成的规格有所增加。养殖条件下，鲤的选育品种生长速度明显加快，2龄体重可达1.0～1.5千克。鲤繁殖水温16℃以上，适宜水温为18～22℃。黑龙江地区5月底至6月初才开始产卵，长江以南地区3月初就开始产卵。鲤性成熟年龄，黑龙江流域雌鱼3～4龄，雄鱼2～3龄，长江以南地区提前一年成熟。体长26～50厘米，怀卵量为1.13万～19.3万粒。为黏性沉性卵，江河中的产卵场为河湾湖汊的水草丰盛地，产卵时间以黎明为盛。卵径1.8～2.3毫米。鲤胚胎发育的适宜水温18～28℃，受精卵在水温25℃左右经3～4天即可孵化出苗。人工繁殖孵化多采用催情药物催产，用人造鱼巢黏卵或人工脱黏收集。孵化可在环道、孵化槽或孵化桶中进行微流水孵化。水温22℃时鱼苗孵出后3～5天平游开口后可出苗下池或出售。

◆ 养殖概况

中国、俄罗斯、德国、匈牙利和印度尼西亚等为鲤的主要养殖国。鲤是中国最具代表性的最早养殖的种类。据《石经》记载，中国在公元前1140年左右就在池塘中饲养鲤。当前养殖的鲤多为人工培育的品种，已选育的品种有建鲤、荷元鲤、三杂交鲤、颖鲤、丰鲤、兴国红鲤、湘云鲤、松浦鲤、松浦镜鲤、福瑞鲤1号和2号、易捕鲤、镜鲤"龙科

11 号"等。据联合国粮食及农业组织（FAO）统计，2020 年全球鲤养殖产量 423.69 万吨。农业农村部渔业渔政管理局统计，2021 年中国鲤的养殖产量为 289.7 万吨，位居淡水养殖种类第 4 位。

◆ 价值

鲤肉质好，口味鲜美，是高营养、低价的优质蛋白类，可用来改善人民群众的膳食质量，提高人口素质。鲤具有抗逆性强、分布广，易于养殖，养殖成本低和易加工等特点。同时，鲤也是中国鱼文化的代表，堪称国鱼。

短盖巨脂鲤

短盖巨脂鲤是脂鲤目脂鲤科巨脂鲤属一种，又称淡水白鲳、银鲳。为热带和亚热带鱼类，幼鱼可作为观赏鱼。

短盖巨脂鲤原产南美洲亚马孙河，1982 年引入中国台湾地区，1985 年引入中国大陆。

◆ 形态特征

短盖巨脂鲤体形侧扁，呈盘状，背高肉厚。头较小。口端位。无口须。眼中等大。背部有一脂鳍。尾分叉。体被细小圆鳞；自胸鳍基部至肛门有略呈锯齿状的腹棱鳞。幼鱼体表有黑色星斑，随鱼体长大逐渐褪去；成鱼体色受环境影响而有深浅变化。体银灰色，背部稍暗，胸部橘红色，腹部白色，臀鳍红色。

◆ 生活习性

短盖巨脂鲤常集群栖息于水体中下层，游泳较缓，易捕捞。短盖巨脂鲤喜栖淤泥底质，微酸性或中性的水环境中。短盖巨脂鲤较一般鲤科鱼类耐低氧。短盖巨脂鲤不耐低温，其临界温度为10℃。水温9～10℃时，短盖巨脂鲤出现异常且侧卧，8.5℃呈休克状态，8.0℃致死。短盖巨脂鲤生活温度12～35℃，适温22～30℃。短盖巨脂鲤对盐度有一定适应能力，盐度为10内时能正常生活，盐度达15时经16小时死亡。短盖巨脂鲤杂食性，食物种类广，具较发达的消化系统，食量大。短盖巨脂鲤胃囊中常充满各种食物碎屑与颗粒，含丝状藻类、轮虫、枝角类、桡足类、水蚯蚓、小虾及腐殖质、有机碎屑等。短盖巨脂鲤也嗜食各种人工饲料，如米糠、麸皮、饼类、菜叶、瓜果类等。

◆ **生长与繁殖**

短盖巨脂鲤人工饲养鱼苗当年可长500克左右，最大达1千克；2龄鱼一般1.5～2千克，最大达3.8千克；3龄鱼一般2.5千克以上。最大个体可达85厘米长，体重20千克。雌鱼3龄性成熟，雄鱼2龄以上性成熟，亲鱼个体2.5千克以上。怀卵量5万～8万粒/千克。卵径小，漂流性。短盖巨脂鲤的生殖季节为每年6～9月，水温25～30℃，以26～28℃最适宜。短盖巨脂鲤产卵常在雷阵雨时进行，在水流刺激下分批产卵。水温30℃以上很少产卵。水温28～29℃时，短盖巨脂鲤受精卵经14小时孵出。

芙蓉鲤

芙蓉鲤是以生长快、体色灰黄、全鳞等为主要选择性状选育的一个杂交鲤品种。芙蓉鲤是一种较理想的池塘搭配养殖品种。1996年通过全国水产原种和良种审定委员会审定，品种登记号：GS-02-008-1996。

芙蓉鲤由中国湖南省水产科学研究所吴维新等选育。芙蓉鲤母本为散鳞镜鲤，父本为兴国红鲤，引进的原种亲本经过 3 代群体选育后，杂交获得的子一代即芙蓉鲤。与双亲相比，芙蓉鲤体形高而侧扁，背部宽厚，腹部稍膨大，体色青灰，鳞被整齐；其体长为体高的 2.1～2.5 倍、为头长的 3.0～3.4 倍，尾柄长与尾柄高相近。

芙蓉鲤

芙蓉鲤食性杂，适应性广，肉味好，可食部分比例高。芙蓉鲤具有生长快的显著优势，生长速度比普通鲤鱼快 1 倍以上，比母本快 40%，比父本快 60%。芙蓉鲤适宜在中国范围内人工可控水域进行养殖，已推广到湖南、贵州、四川、广西、浙江、北京、吉林等省、自治区、直辖市。芙蓉鲤选育推广获得 1985 年中国国家科技进步三等奖。

丰　鲤

丰鲤是由中国科学院水生生物研究所吴清江研究员等以兴国红鲤为母本、散鳞镜鲤为父本杂交获得的一个品种。1996 年通过全国水产原种和良种审定委员会审定，品种登记号：GS-02-004-1996。

丰鲤是中国最早研究成功并最先在生产上推广应用的杂交鲤，曾在渔业生产中发挥了明显的增产作用。

鲤野生种类一般体形较瘦长、生长较慢、经济性状不够理想，许多育种学家进行了品种改良和选育的尝试以期改良其品质。中国科学院水生生物研究所鲤遗传育种团队从 1972 年开始利用野鲤、兴国红鲤、散鳞镜鲤、广东团鲤、龙州镜鲤等开展了多项杂交育种研究，最终发现兴国红鲤和散鳞镜鲤杂交组合的后代具有明显的杂交优势，该新品种推广后深受养殖者喜爱，被渔民誉为"丰鲤"。

丰鲤是杂食性鱼类，能够摄食商品饵料和人工配合饲料，全身体色呈青灰，鳞片规则整齐，与亲本相比，体高和体宽较大，头和吻较小。丰鲤具明显杂种优势，生长速度和成鱼含肉率均高于亲本。但丰鲤在生产上只可用杂交一代，自交或回交均会造成性状分析优势衰退，因此制种时需要选择纯系的父本和母本，生产中可采用自然产卵和人工催产两种方法进行大规模繁殖，已在中国湖北、广东、北京、河北、新疆等23个省、自治区、直辖市进行了大面积的推广，适合各种可控水体养殖。

福瑞鲤

福瑞鲤是由中国水产科学研究院淡水渔业研究中心董在杰研究员团队以建鲤和野生黄河鲤为基础选育群体，以生长速度为主要选育指标，经1代群体选育和连续4代最佳线性无偏预测家系选育获得的一个鲤品种。2010年通过全国水产原种和良种审定委员会审定，品种登记号：GS-01-003-2010。

福瑞鲤采用被动整合雷达标记技术，运用数量遗传学最佳线性无偏预测分析和家系选育等综合育种技术选育而成。选育过程中，每代设计、配对建立选育家系和对照家系，各家系鱼经早期在不同的网箱中隔离培育、电子生物标记技（PIT）个体标记、同池培育，根据最佳线性无偏预测法运用软件设计适宜的动物模型，以生长速度（体重）为主要指标，对各个家系中的鲤个体的育种值进行估算。筛选出育种值排名靠前且亲缘关系较远的雌、雄鱼，设计下一代选育系的亲本配对方案；同时，筛选出接近平均育种值且亲缘关系较远的雌、雄鱼，作为下一代对照系的亲本。按得到的亲本配对方案建立下一代的家系，选育下一代。

福瑞鲤具有生长速度快、体形好、饲料转化率高及遗传性状稳定等品种特性。生长速度较普通鲤鱼提高 20% 以上，比建鲤提高 13.4%。体形较好，体长 / 体高约 3.65。福瑞鲤适宜在中国淡水水域内人工养殖。借助中国国家大宗淡水鱼产业技术体系平台，福瑞鲤已在中国江苏、山东、河南、吉林、辽宁、四川、宁夏、内蒙古、陕西、新疆、云南、贵州、广西、福建、甘肃、重庆、安徽、广东、山西、天津等 20 个省、自治区、直辖市开展了示范推广。福瑞鲤选育及示范项目 2015 年获得国家科技进步奖二等奖。

荷包红鲤

荷包红鲤是由中国婺源荷包红鲤良种场和原江西大学林光华教授、洪一江教授等组建的团队，经 6 代群体选育和系统选育而获得的食性广、生长快、易起捕、便运输、抗逆性强、繁殖率高的一个鲤品种。1996 年通过全国水产原种和良种审定委员会审定，品种登记号：GS-01-002-1996。

荷包红鲤按群体选育方法进行繁育，采取分阶段选育，综合养殖生产工艺路线。荷包红鲤选育以体色、体形和生长等遗传性状为选育目标，因该鱼采用大群体繁殖（每次繁殖 300 组以上），繁殖鱼苗 5000 万尾，经夏花培育（选择率2%）、鱼种培育（选择率20%）和后备亲鱼培育（选择率60%），最终选择200尾进入种质资源库保种的方法育成。选育强度为4%。2019年始，南昌大学继续实施家系选育，已成功建立F2家系6个。

荷包红鲤头小、尾短、背高体宽、背部隆起、腹部肥大、形似荷包。荷包红鲤以体背、体侧色鲜红、无斑点，腹部白色；口须2对；侧线鳞37枚，多数为36枚以上等性状进行选育。经过多年的生长对比实验和其他经济性状比较，选育后的婺源荷包红鲤生长速度提高了8%，绝对怀卵量321570～210540粒，提高了5%。对水体、水温的适应能力强，适温范围广，生存水温1～38℃。

荷包红鲤

荷包红鲤还是重要的杂交亲本，杂交亲和力强，容易与其他鲤鱼杂交，杂交后代大多有明显的杂种优势。荷元鲤、岳鲤、三杂交鲤和建鲤等均以荷包红鲤作为母本，将荷包红鲤的卵核移植到鲫鱼的去核卵中培育出了鲤鲫移核鱼，颖鲤父本就是鲤鲫移核鱼，用荷包红鲤与黑龙江野鲤、锦鲤杂交培育出了荷包红鲤抗寒品系和锦鲤抗寒品系，大大提高了荷包红鲤和锦鲤在严寒地区露天越冬成活率。

荷包红鲤适于淡水池塘、水库和稻田等水域养殖，一般两年养成商品鱼。池塘养殖一般亩产在1000千克以上，网箱养殖一般亩产在667

千克以上。1997～2021年，已生产婺源荷包红鲤优质苗种超过10亿尾，苗种除在江西推广养殖外，还在北京、上海、黑龙江、广东和湖北等27个省、自治区、直辖市推广养殖。

鲫

鲫是动物界脊索动物门硬骨鱼纲鲤形目鲤科鲫属一种典型湖泊型淡水小型经济鱼类，俗称喜头、鲫拐子、鲫瓜子、鲋鱼等。鲫也是中国重要淡水经济养殖鱼类之一。

鲫广泛分布于欧亚地区，在中国分布于除青藏高原以外所有的江河湖泊等水体中。

◆ 形态特征

鲫体呈侧扁形，高且厚，腹部圆。头短小。吻圆钝。口端位，斜裂。无须。眼小，位于头侧上方。鳃耙长，鳃丝细长。下咽齿1行。鳞片大，侧线鳞28～32。背鳍较长，外缘平直，臀鳍分枝鳍条均为5根，尾鳍呈叉形，胸鳍末端可达腹鳍起点。体背灰黑色，腹部银白色，各鳍灰色。在不同生长水域，体色深浅有差异。

◆ 生活习性

鲫属于典型的底层鱼类，环境适应性强，对水体的温度、pH、盐度和溶解氧等有较强的耐受力。鲫对水温的适应范围广，最佳生长水温25～30℃，在此温度范围内，鲫摄食旺盛，生长速度快。对水中溶解氧的要求不严格，一般要求3毫克/升以上，但在溶氧几乎为零的水中仍能存活。鲫属于杂食性鱼类，天然条件下，一般以浮游动物、浮游植物、底栖动植物及有机碎屑等为食物，且食物种类随其个体大小、季节、环境条件、水体中优势生物种群的不同而相应有所改变。如，水花苗种主要以轮虫为主；幼鱼主要以藻类、轮虫、枝角类等动物性饵料为主；夏花苗种到成鱼可以摄食附生藻类、浮萍等植物性饵料。在人工养殖条件下，鲫通常以配合饲料（30% 左右的蛋白）为主，同时还兼食水体中的天然饵料。

◆ 生长与繁殖

鲫与"四大家鱼"相比，生长速度较慢，且因地而异。长江流域鲫平均体重 1 龄 25 ～ 50 克，2 龄 300 ～ 500 克。北方寒冷地区由于生长期较短，个体相对偏小。鲫性成熟年龄也因地而异，在北方地区性成熟较迟，一般为 2 冬龄，而南方 1 冬龄鱼便达性成熟；繁殖用亲本鲫一般为 2 龄。1 冬龄鱼怀卵量最大可达 2.8 万粒，2 冬龄鱼怀卵量最大可达 5.9 万粒。在长江中下游地区，鲫的生殖季节是 4 下旬至 6 月上旬，当水温达到 18℃时就可以开始自然繁殖。鲫人工繁殖通常采用注射催产激素的方法进行。鲫产黏性卵，受精后可直接黏附在纱网上进行静水孵化，也可经脱黏后根据受精卵多少在孵化环道、孵化槽或者孵化桶中进行流水孵化。水温 22 ～ 28℃时，鲫受精卵孵化 7 天左右可出苗下池或出售。

◆ 养殖概况

20 世纪 80 年代以来，异育银鲫、方正银鲫、彭泽鲫等银鲫优良品种在中国普遍推广养殖后，鲫在中国的养殖规模和养殖潜力越来越大。2005 年以来，全国鲫鱼的年总产量一直维持在 200 万吨以上，2020 年达 274.9 万吨，呈现逐年稳步增长的趋势。异育银鲫"中科 3 号"、异育银鲫"中科 5 号"、长丰鲫、湘云鲫、杂交黄金鲫等品种的成功选育，对于鲫养殖品种更新和鲫鱼产业的快速发展具有重要的推动作用。

蓝花长尾鲫

蓝花长尾鲫是采用杂交和定向选育相结合的方法获得的一个观赏鲫鱼品种。因其体表色彩斑斓，被誉为"水中蓝孔雀"。2002 年通过全国水产原种和良种审定委员会审定，品种登记号：GS-02-002-2002。

蓝花长尾鲫由国家级天津市换新水产良种场金万昆研究员团队选育。从金鱼和彩鲫杂交子代中筛选体色艳丽、体形特异的个体，经 5 代筛选和定向选育而成。从 1991 年开始，金万昆发现金鱼和彩鲫杂交子代中，有体色艳丽、体形特异的个体，即通过 12 年 5 代的严格筛选和定向选育出蓝花长尾鲫。

蓝花长尾鲫体粗短。头适中。吻钝。口端位呈弧状，唇较厚。眼中等大小。无须。下颌稍上斜。体表覆较大鳞，鳞片透明，银色闪光。尾、胸、腹、臀鳍均较长，尾鳍长等于或大于体长。体蓝色，头部有一鲜艳的红色斑块。2 倍体，染色体数 100。

蓝花长尾鲫适应能力强，在恶劣环境中有较强的忍耐力，在池塘和水族箱中均能很好地生活、生长。在池塘养殖中，蓝花长尾鲫喜栖于中下层水体和沿岸有水草之处。2018 ～ 2022 年，已生产蓝花长尾鲫优质苗种 8600 万尾，苗种已经推广到中国辽宁、内蒙古、河北等 10 个省、自治区、直辖市，以及欧洲和东南亚国家，社会经济效益显著。

彭泽鲫

彭泽鲫是由江西省水产科学研究所和九江市水产科学研究所联合组建研究团队，直接从原产于中国江西省彭泽县丁家湖、芳湖、太泊湖等天然水域的野生鲫中选育而成的鲫品种。1996 年通过全国水产原种和良种审定委员会审定，品种登记号：GS-01-003-1996。因天然栖于湖中芦苇丛中的彭泽鲫体侧有 5～7 条灰黑色芦苇状斑纹（池塘中饲养一段时间后，会逐渐消失），故又称芦花鲫；因个体大也称为彭泽大鲫。

1983 年开始，在熊晓钧研究员带领下，在全面系统掌握野生彭泽鲫资源状况和种质性能基础上，以品质、形态和生物学可比性状为种群选择指标，以生长速度、抗病性、性状稳定性等为综合选育目标，针对每代选育群体采用全生命周期内高强度的 5 阶段（夏花、冬片、后备亲鱼、亲鱼产前和亲鱼）个体淘汰和定向培育，经 7 年 6 代选育成功。

彭泽鲫与普通鲫在外部形态上有差异，如体纺锤形。雄性胸鳍长可达腹鳍基部，雌性胸鳍长则未达腹鳍基部。体色背部灰黑，腹部灰白。彭泽鲫肉质好、个体大、形体美，具繁殖简易、生长快、抗逆性强等优良养殖性能。生长速度较选育前快 56%。在人工养殖条件下，当年繁殖的彭泽鲫鱼苗，经 6 个月左右的生长，平均体长可达 19 厘米以上、体重可达 200 克左右。

彭泽鲫已形成完整配套的鱼苗繁殖、苗种培育及成鱼养殖技术。2010～2021 年，彭泽鲫已生产优质苗种超过 60 亿尾，已在中国除西藏以外的地区推广养殖。

松浦银鲫

松浦银鲫是由中国水产科学研究院黑龙江水产研究所沈俊宝团队在方正银鲫基础上，利用雌核生殖和性别控制技术，定向培育而成的一个银鲫新品种。1996 年通过全国水产原种和良种审定委员会审定，品种登记号：GS-01-005-1996。

松浦银鲫具有生长快、个体大、肉质优良、经济价值高等特点。与方正银鲫主要区别在于侧线到背鳍的鳞片和侧线到腹鳍的鳞片各多一个，其体高、尾柄长、体厚、背吻距、背尾距与体长的指数明显大于方正银鲫，而眼间距则小于方正银鲫，背部青灰色，体侧淡绿色，腹部姜黄色。体长为体高的 2.20 ～ 2.43 倍，鳞式 31（7/7）32，鳃耙数 47 ～ 53 个。含肉率、肥满度均高于同龄方正银鲫。属三倍体雌核发育种群。1 龄两种鱼体重增长相似，松浦银鲫稍大于方正银鲫。生活习性与方正银鲫相似，都属底栖鱼类，对环境适应能力强，能在各种水体中生长、发育和繁殖。较方正银鲫，粗脂肪在鲜肉和干肉中含量均较低。

中国各地均可养殖松浦银鲫，但南方养殖效果优于北方。松浦银鲫以池塘主养、鱼种池套养、成鱼池套养为主，尤以池塘养殖为主，可与各种养殖鱼类混养，更适合在鲢、鳙、草、团头鲂等鱼类混养的肥水塘中养殖；喜栖息在底质肥沃、水草茂盛的浅水区。松浦银鲫已推广养殖。

长丰鲫

长丰鲫是由中国水产科学研究院长江水产研究所和中国科学院水生生物研究所李忠、邹桂伟、桂建芳、梁宏伟等选育的一个四倍体异育银鲫品种。2015 年通过全国水产原种和良种审定委员会审定，品种登记号：GS-04-001-2015。

长丰鲫是以异育银鲫 D 系为母本，以鲤鲫移核鱼（兴国红鲤系）为父本，从 2008 年开始以生长速度和染色体倍性为选育指标，经 7 代异源雌核发育选育获得的一个鱼类品种。

长丰鲫外观与普通银鲫一致，可数和可量性状与普通异育银鲫无明显区别。染色体观察众数为 208 条，含有 3 套鲫染色体和 1 套鲤鱼染色体。在相同养殖条件下，1 龄长丰鲫平均体重增长比异育银鲫 D 系快 25.06% ～ 42.02%，2 龄长丰鲫平均体重增长比异育银鲫 D 系快 16.77% ～ 32.1%。长丰鲫肉质细，单位面积肌纤维数较彭泽鲫和普通银鲫细 23% 和 37%。有益脂肪酸含量更高。高度不饱和脂肪酸（$n \geqslant 3$）比异育银鲫 D 系提高 115.16%，二十二碳六烯酸（DHA）含量较异育银鲫 D 系提高 255.17%。鳞片紧密，不易脱落。因长丰鲫采用异源雌核发育，遗传性状稳定，子代性状不分离。

长丰鲫

长丰鲫制种繁育容易，和普通鲫鱼繁殖无区别，适于大规模推广生产。养殖技术要点与普通鲫鱼养殖技术基本一致，适合在中国全国淡水可控水域进行养殖。2016 年，长丰鲫在湖北、四川、江苏、河北等地推广养殖苗种 6000 多万尾，规模化养殖示范效果反应良好。

异育银鲫

异育银鲫是以方正银鲫作母本，兴国红鲤为父本，经异精雌核生殖而来的一个全雌性银鲫品种。1996 年通过全国水产原种和良种审定委员会审定，品种登记号：GS-02-009-1996。

1976 年起，由中国科学院水生生物研究所蒋一珪研究员等以黑龙江省方正县的多倍体方正银鲫作母本，用江西兴国红鲤的精子人工授精，刺激卵子进行天然雌核生殖从而产生的全雌性后代即为异育银鲫。在此过程中，兴国红鲤只起诱导作用，其精核不解凝，不与方正银鲫的卵核融合，子代性状不分离，利于苗种制种和扩大生产。

异育银鲫生长速度快，抗逆性强，耐低温低氧，且肉质细嫩，营养丰富。异育银鲫食性广、易饲养，成活率高，受精卵孵化率可达 80% 以上，夏花成活率也可达 90% 以上。异育银鲫已形成规模化人工繁殖技术，可适应各种可控水体，进行鱼种池套养、成鱼池套养、稻田养殖、沟港放养、湖泊放养、网箱养殖、鱼蚌混养等多种养殖方式，在 20 世纪 80～90 年代，几乎占据中国鲫养殖产业半壁江山，之后逐渐被其升级换代产品——异育银鲫"中科 3 号"等所替代。

异育银鲫及其应用研究于 1985 年获国家科技进步奖二等奖；随后中国科学院水生生物研究所银鲫研究团队又在银鲫天然雌核生殖的细胞学机理研究方面持续开展研究，其基础性成果"银鲫天然雌核发育机理研究"于 1995 年获得国家自然科学奖二等奖。

鲢

鲢属动物界脊索动物门硬骨鱼纲鲤形目鲤科鲢亚科鲢属一种，又称白鲢、鲢子等。鲢与鳙、青鱼、草鱼合称"四大家鱼"，是中国主要的淡水养殖鱼类之一。

鲢自然分布于中国除西部高原以外的各大江河和湖泊。

◆ 形态特征

鲢体延长侧扁，头长约为体长的 1/4。口宽、前位。眼小，侧下位。鳃耙细而密，同侧鳃耙彼此相连呈海绵状膜质片，用于滤取小型饵料。由鳃弓的后端部分连同鳃耙卷曲而成的螺状咽上器官埋于口腔顶部软组织中。咽齿 1 行。腹部刀刃状，腹棱自胸鳍前下方直至肛门。鳞片细小，侧线鳞 105 ～ 125。胸鳍末端仅伸至腹鳍起点或稍后，臀鳍分支鳍条 12 ～ 13。肠长为体长的 6 ～ 10 倍。体侧上部银灰色、稍暗，腹侧银白色。

◆ 生活习性

鲢喜栖息于水体上层，浮游生物多的水体。鲢活泼善游，怕惊扰，网捕时，遇水流易逆水潜逃。鲢在水中含氧量低于 1.75 毫克 / 升时窒息。鲢为广温性鱼类，能适应 1.5 ～ 35.0℃ 的水体环境，生长适宜水温为 25.0 ～ 32.0℃，繁殖适宜水温为 22.0 ～ 28.0℃。鲢喜微碱性水质。鲢食性随鱼苗期至成鱼的发育而变化，鱼苗体长在 1.5 厘米以下时，摄食轮虫、硅藻、小型枝角类和无节幼虫等；以后浮游植物在食物中的比重逐渐加大；体长在 1.5 厘米以上时，以浮游植物为主；体长 2.0 ～ 2.5 厘米时食物几乎全由浮游植物、植物腐屑和细菌组成。据对肠道中食物的检查，浮游植物与浮游动物比为248：1。也能消化外包果胶质或纤维质鞘的蓝藻、绿藻和裸藻。人工养殖时，鲢喜食豆饼、酒糟、豆浆、糠麸等饵料。鲢终年进食，以7～9月食量最大，生长也最快。鲢摄食方式系典型的滤食性，对食物无明显选择。

◆ **生长与繁殖**

鲢生长快。长江流域鲢平均体重1龄490克，2龄2030克，3龄3500克，4龄5100克，5龄7620克，6龄10760克。以3～6龄体重增长最快。黑龙江和珠江流域个体相对较小。食用鲢的商品规格为1～4千克。小水体养殖周期为2年，大水体养殖周期多为3年，个体也相对较大。长江流域雌鲢一般4龄成熟，体重约5千克。对比长江流域，珠江流域早1年成熟，黑龙江流域迟1～2年成熟。雄鲢比雌鲢早1年成熟。鲢在4月中旬至7月、水温18℃以上时产卵，5～6月为产卵盛期。鲢主要在江河干流的洪水汛期产卵，怀卵量随体重增长而增加。4.5～8.4千克雌鲢怀卵量为63万～120万粒。为漂流性半浮性卵，青黄色，卵径1.3～1.9毫米。受精卵在流水中孵化出苗。胚胎发育的适宜水温18～30℃。在此范围内温度愈高发育愈快，孵出时间愈短。超过适温范围，鲢受精孵化率低，多畸形，并易死亡。鲢在天然水体中产卵除要求水温适宜外，还要有一定流速的回旋流水。人工产卵池多为圆形。成熟亲鱼经催情后放入产卵池，仿天然回流水刺激其产卵、排精并行自然受精；也可经催情流水刺激后行人工授精。孵化可在圆形或椭圆形孵化环道、方形孵化槽或铁皮锥形孵化桶中进行流水孵化。水温22～28℃时鱼卵孵化约7天，待腰点（鳔）出现，并能平游，方可出苗下池或出售。

◆ **养殖**

20 世纪 60 年代以来，中国的鲢、鳙和草鱼被引入苏联和一些欧美国家，成为这些国家的重要养殖或增殖放流对象。据联合国粮食及农业组织（FAO）统计，2014 年全球鲢养殖产量 496.8 万吨。据中国农业部渔业渔政管理局统计，2015 年中国鲢的养殖产量达 435.46 万吨，居淡水养殖种类第 2 位。长丰鲢和津鲢两个养殖品种的选育，促进了鲢的养殖产业发展。鲢是典型的生态鱼类，有助于水环境改良，且具有食物链短、成本低和易加工等特点。

津　鲢

津鲢是以形态特征、生长速度和繁殖力为指标选育的一个鲢养殖品种，是中国"四大家鱼"首个人工选育品种。2010 年通过中国全国水产原种和良种审定委员会审定，品种登记号：GS-01-002-2010。

津鲢由天津市换新水产良种场金万昆研究员团队选育。津鲢以长江白鲢春片鱼种育成的亲本为原代，在保持原种优良种质的基础上，连续 6 年选育而成。2012 ~ 2015 年，津鲢连续 4 年被农业部遴选为中国渔业主导品种之一。

津鲢体较高、丰满，全长 / 体长等 6 项性状与长江白鲢有显著差异。津鲢侧线鳞数为 96 ~ 107，多数为 100，侧线鳞数相对集中。津鲢生长快，1 龄鱼生长比长江白鲢平均快 13.18%，2 龄鱼生长比长江白鲢平均快 10.16%。津鲢繁殖力高，4 ~ 6 龄鱼绝对和相对怀卵量分别比长江白鲢平均高 74.00% 和 35.47%。2 倍体，染色体数 48。微卫星 DNA 的

30 个位点的检测结果显示，津鲢在 20 个位点上与野生白鲢群体存在明显差异。单位基因座位、等位基因数等 4 项指标，处于 6 个野生白鲢群体（长沙、邗江、监利、嘉兴、石首、扶远）统计范围之内。线粒体基因组线粒体 DNA 控制区的限制性片段长度多态性聚合酶链反应技术（PCR-RFLP）检测结果显示：单倍型种类数、单倍型多样性指数高于长江白鲢（3 个原种场），并且 I 型限制性核酸内切酶（Hinf I）的 C 酶切类型为津鲢所特有，达 20.0%，具有丰富的遗传多样性。

津鲢适宜在中国各地人工可控的淡水水体养殖。2018 ～ 2022 年，已生产津鲢优质苗种 1.6 亿尾，已在黑龙江、河北、江苏等 10 个省、直辖市推广养殖，社会经济效益显著。

长丰鲢

长丰鲢是以长江鲢为母本，以遗传灭活的鲤精子作激活源，采用人工雌核发育、结合分子标记辅助和群体选育的综合育种技术选育获得的一个鲢鱼品种。2010 年通过全国水产原种和良种审定委员会审定，品种登记号：GS-01-001-2010。

长丰鲢由中国水产科学研究院长江水产研究所邹桂伟研究团队选育。从长江野生鲢性成熟群体中选择个体大、体质健壮的雌性鲢为母本，用遗传灭活的鲤精子作激活源，采用极体雌核发育方法，经连续 2 代雌核发育和 2 代群体选育培育而成。

经多年试验与推广实践证明，长丰鲢较普通鲢具有生长快、背高体厚、体形好、耐低氧、出肉率高、遗传纯度高等优良性状。长丰鲢同池试验 2 龄鱼体重增长比普通鲢快 14.8%～23.4%，平均快 17.9%；3 龄鱼体重增长比普通鲢快 10.47%～28.31%，平均快 20.47%。大面积试验中，长丰鲢群体产量比普通鲢高 16.4%～27%。长丰鲢耐低氧能力较普通鲢提高 22.2%。成鱼产品加工出肉率较普通鲢高 1%～2%。微卫星（SSR）分析结果表明，长丰鲢群体平均等位基因数 2.1，普通鲢与长江鲢平均等位基因数分别为 3.4 和 4.0；期望杂合度为 0.0960～0.5048，平均值为 0.2774，明显低于普通鲢与长江鲢期望杂合度（0.6297 和 0.7360）。

长丰鲢作为中国国家大宗淡水鱼类产业技术体系推介的第一个鲢水产新品种和农业部 2010～2014 年推介的渔业主导品种之一，可在全国可控的内陆水体内进行大量增养殖。截至 2021 年，长丰鲢已经推广应用到中国湖北、新疆、辽宁、宁夏、广东、云南、河北等 27 个省、自治区和直辖市，累计推广面积达 1800 万亩，取得了显著的经济、社会和生态效益。

鲂　鲌

芦台鲂鲌

芦台鲂鲌是以团头鲂为母本，翘嘴红鲌为父本经人工选育的一个鱼类杂交品种。2012 年通过全国水产原种和良种审定委员会审定，品种登记号：GS-02-002-2012。

芦台鲂鲌由天津市换新水产良种场金万昆研究员团队选育。芦台鲂鲌以中国湖北省洪湖燕子窝、新堤等江段团头鲂水花培育成亲鱼，经 6 代以上群体选育的团头鲂作为母本；以 2003 年从江苏省苏州市水产研究所翘嘴红鲌亲鱼繁育的后代为父本，以抗寒能力、生长速度、繁殖力等为选育指标，采用远缘杂交和人工控制性腺发育技术，使两亲本性腺发育基本同步，杂交获得的子代经多年生长对比养殖试验培育而出。

芦台鲂鲌体侧扁。头后背部稍隆起，头小。眼大。侧线完全，有些弯曲。体色背部呈灰蓝色，侧腹部银白色。经多年试验，芦台鲂鲌在自然状态下不能自交、与父母本回交，不会引起自然水域中种质混杂和影响原有生态系统中物种结构平衡。芦台鲂鲌生长快，1 龄鱼的杂种平均优势率为 64.52%，2 龄鱼的杂种平均优势率为 16.20%。芦台鲂鲌食性广，杂食性，摄食结构区别于亲本，可摄食人工饲料，也可摄食池塘中的浮游植物，特别在与水生植物联合养殖的条件下，池塘浮游植物可得到有效控制，起到明显的控藻作用。芦台鲂鲌耐低氧，在水温 22 ～ 29℃时，临界窒息点含氧量为 0.36 ～ 0.48 毫克 / 升，比父本（0.41 ～ 0.57 毫克 / 升）和母本（0.43 ～ 0.64 毫克 / 升）低。芦台鲂鲌出肉率高，2 龄成鱼的含肉率平均为 84.38%。芦台鲂鲌耐运输，鳞片紧密，不易掉鳞，运输存活率高。芦台鲂鲌抗寒力强，在中国东北地区越冬成活率达 99% 以上。芦台鲂鲌能在 pH9.2 ～ 9.5、盐度 3 ～ 9 的水体中正常生长。芦台鲂鲌肌肉营养丰富，蛋白质含量 19.99%，氨基酸含量 18.59%，含有丰富的矿物质元素和维生素 E。

芦台鲂鲌

芦台鲂鲌适宜在中国各种人工可控淡水水体养殖；易垂钓，有益于休闲渔业的发展。2018～2022年，已生产芦台鲂鲌优质苗种8000万尾，苗种已经推广应用到黑龙江、山东、重庆等12个省、直辖市，社会经济效益显著。

青梢红鲌

青梢红鲌属动物界脊索动物门硬骨鱼纲鲤形目鲤科鲌属一种，又称青梢子、昂头鲌鱼。常见凶猛性淡水经济鱼类。自然分布于中国各大湖泊和水库。

◆ 形态特征

青梢红鲌体长形，侧扁，头后背部稍隆起，体长为体高的4.1～6.3倍，腹棱自腹鳍基部至肛门。头较小，尖形。口亚上位，斜裂，下颌稍长。下咽齿3行。眼较小，位于头侧。鳃耙中长，排列较密。背鳍位于身体中部；胸鳍末端超过或达腹鳍起点；腹鳍末端达腹鳍基部至肛门之间距离的4/5处；臀鳍位于背鳍的后下方；尾鳍深叉。鳞中等大，侧线鳞64～71。背部深灰黑色，体侧灰白色，腹部银白色，各鳍呈灰黑色。肠长略长于体长。

◆ 生活习性

青梢红鲌喜栖于静水湖泊的中上层。青梢红鲌性情凶猛，游动迅速，有较强跳跃能力。青梢红鲌平时在水深1米左右的浅水区，潜于水草丛里捕食小鱼虾；冬季到深水处越冬。青梢红鲌喜水质清新，最适溶解氧在4毫克/升以上。青梢红鲌适宜pH7.5左右。青梢红鲌生存水温

0 ~ 38℃。青梢红鲌肉食性，体长 10 厘米以下的个体主要以浮游动物为食；10 ~ 20 厘米的个体主要以小虾为食，其次是小型鱼类、水生昆虫等；20 厘米以上的个体主要以小型鱼类为食，其次是小虾、水生昆虫等。人工养殖条件下，青梢红鲌食用粗蛋白质为 40% 左右的配合饲料。

◆ **生长与繁殖**

青梢红鲌生长较慢。自然水体常见个体体重 100 克左右，最大个体体重 400 克以上；1 龄鱼体重一般为 20 ~ 50 克，2 龄鱼体重一般为 70 ~ 100 克、3 龄鱼体重一般为 150 ~ 190 克、4 龄鱼体重一般为 200 ~ 300 克、5 龄鱼体重一般为 400 克左右。人工条件下，10 ~ 15 厘米的青梢红鲌鱼种投喂配合饲料，当年可达 0.35 千克左右。青梢红鲌在江、河、湖泊皆可产卵，绝对怀卵量 0.5 万 ~ 10 万粒；产卵时间为 4 ~ 7 月（水温 18℃ 以上便开始进行产卵活动），5 月中、下旬为最盛期。2 龄性成熟。青梢红鲌卵黏性，卵径 1.3 ~ 1.4 毫米。水温 23 ~ 28℃ 时，青梢红鲌受精卵经约 36 小时孵出仔鱼。

◆ **养殖概况**

青梢红鲌营养丰富、肉质鲜嫩，易加工，为消费者普遍喜爱。同时，在水体低值小杂鱼的生态调控、提高经济效益等方面也具有重要作用；也因易开展人工繁殖，在中国各地的人工养殖也逐渐兴起。

翘嘴红鲌

翘嘴红鲌属动物界脊索动物门硬骨鱼纲鲤形目鲤科鲌属一种，又称翘嘴巴、翘壳、鸭嘴子、大白鱼、大白刁等。翘嘴红鲌位列"太湖三白"

（白鱼、银鱼、白虾）之首，自然分布于中国各大江河和湖泊。

◆ **形态特征**

翘嘴红鲌体长形、侧扁，体长为体高的 3.5 ～ 5.1 倍，背缘较平直，腹棱自腹鳍基部至肛门。头侧扁。吻钝。口上位，口裂几与体轴垂直。下咽齿 3 行，齿端呈钩状。眼中等大，位于头侧。鳃耙长而密。鳞较小，侧线鳞 73 ～ 93。背鳍位于腹鳍基部的后上方；胸鳍末端接近腹鳍起点，腹鳍末端不达臀鳍起点；尾鳍深叉。肠短，约与体长相等。背部及体侧上部灰褐色，腹部银白色，各鳍灰色。

◆ **生活态性**

翘嘴红鲌为广温性淡水名贵鱼类，喜栖息水体中、上层。翘嘴红鲌游动迅速，善跳跃。翘嘴红鲌喜透明度 30 厘米、pH 在 7.5 左右的水体。翘嘴红鲌适应 0 ～ 38℃的水环境，生长适温 25 ～ 32℃。翘嘴红鲌属凶猛肉食性鱼类，幼鱼主要以藻类、浮游动物、水生昆虫为食；体长 15 厘米开始捕食小型鱼类；25 厘米以上主要以小型鱼类、虾为食，也食昆虫、枝角类、桡足类和水生植物。人工养殖条件下，采用粗蛋白质为 40% 左右的配合饲料喂养翘嘴红鲌。

◆ **生长与繁殖**

翘嘴红鲌生长快，体形较大，常见个体 0.5 ～ 1.5 千克，最大可达 15 千克。5 龄以下生长较迅速，中国南方自然水体中的平均体重：1 龄鱼 0.13 千克、2 龄鱼 0.35 千克、3 龄鱼 0.85 千克、4 龄鱼 1.45 千克、5 龄鱼 2.10 千克、6 龄鱼 2.40 千克；人工条件下，7 厘米左右的鱼种经 8 ～ 10 个月的饲养，可达 0.5 千克的商品鱼。翘嘴红鲌在江、河、湖泊皆可产卵，绝对怀卵量 1 万～ 70 万粒；产卵时间为 6 ～ 8 月，产卵水温 20 ～ 30℃、适宜水温 25 ～ 29℃。成熟卵有黏性卵和漂流性卵两种类型。产黏性卵的雌鱼 3 龄、雄鱼 2 龄性成熟，卵径 0.07 ～ 0.12 厘米，约经 48 小时孵出仔鱼；产漂流性卵的雌鱼 4 ～ 5 龄、雄鱼 3 ～ 4 龄性成熟，卵径 1.0 ～ 1.2 毫米，吸水后达 4.4 ～ 5.6 毫米，约经 34 小时孵出仔鱼。

◆ **资源利用概况**

翘嘴红鲌鳞下多脂肪，肉质细嫩鲜美，是鱼中上品，阴干或风干后风味佳，深受消费者喜爱。由于捕捞强度及其他因素影响，翘嘴红鲌天然资源日趋减少。

丹江口水库产漂流性卵的翘嘴红鲌和黑尾近红鲌杂交选育的杂交鲌"先锋 1 号"，具有食性杂、饲料最适蛋白质含量低（33%～ 36%）、耐低氧能力强、易捕捞和活鱼运输等优良性状。

蒙古红鲌

蒙古红鲌属动物界脊索动物门硬骨鱼纲鲤形目鲤科鲌亚科鲌属一种。又称红梢子、红尾、尖头红梢等。蒙古红鲌属凶猛食肉鱼类，是中国江河湖泊中重要淡水经济鱼类。蒙古红鲌自然分布于中国各主要水系。

◆ **形态特征**

蒙古红鲌体长形、侧扁，头后背部稍隆起，体长为体高的 3.4 ～ 4.8 倍，腹棱自腹鳍基部至肛门，腹部圆。头尖形。口端位，下颌略长于上颌，口裂向上稍倾斜。下咽齿 3 行，齿端呈钩状。眼中等大，位于头侧。

鳃耙长而密。鳞较小，侧线鳞 69 ～ 79。背鳍起点与腹鳍基相对或稍前；胸鳍末端至腹鳍起点的距离约为胸鳍长的 1/2；腹鳍末端距臀鳍起点颇远；臀鳍位于背鳍的后下方；尾鳍深叉。背部及体侧上部为浅褐色，腹部为银白色，背鳍浅灰色，胸鳍、腹鳍、臀鳍均为淡黄色，尾鳍上叶淡黄色、下叶鲜红色（8 厘米以下幼鱼为淡黄色）。肠短，约与体长相等。

◆ **生活习性**

蒙古红鲌喜栖于水体中、上层。蒙古红鲌性情凶猛，有较强的跳跃能力。蒙古红鲌生活在最适溶解氧 4 毫克 / 升以上的水体中，低于 2 毫克 / 升时蒙古红鲌缺氧浮头，甚至窒息死亡。蒙古红鲌适宜 pH7.2 左右水体；生存水温 0 ～ 38℃，生长适温 20 ～ 28℃。蒙古红鲌肉食性，体长 3 ～ 10 厘米时以摄食浮游动物、水生昆虫为主；随着个体增长，逐渐摄食小鱼；体长 25 厘米左右时，以小型鱼类为主要食物，也食水生昆虫和甲壳类等。人工养殖条件下，采用粗蛋白质为 40% 左右的配合饲料喂养蒙古红鲌。

◆ **生长与繁殖**

蒙古红鲌生长较快。自然水体常见个体 0.5 ～ 1.0 千克，最大个体达 4 千克以上；1 龄鱼均重 80 克、2 龄鱼 150 克、3 龄鱼 342 克、4 龄鱼 665 克。10 ～ 15 厘米鱼种在人工条件下，投喂鲜活小鱼当年可达 1.5 ～ 2.5 千克，投喂配合饲料当年可达 0.5 千克左右。蒙古红鲌在江、河、湖泊皆可产卵，绝对怀卵量为 2 万～ 42 万粒；产卵时间为 5 ～ 7 月，产卵水温 22 ～ 28℃、适宜水温 23 ～ 26℃。2 龄性成熟。蒙古红鲌卵黏性，卵径 0.7 ～ 1.0 毫米。水温 24 ～ 25℃时，经 48 ～ 53 小时孵出仔鱼。

◆ **养殖概况**

蒙古红鲌体色鲜艳，肉质鲜嫩，营养丰富，深受消费者喜爱。市场需求旺盛，易加工，在中国的人工养殖规模逐年扩大，产量逐渐提高，养殖前景良好。

团头鲂

团头鲂属动物界脊索动物门辐鳍鱼纲鲤形目鲤科鲂属一种。又称武昌鱼、团头鳊、平胸鳊等。团头鲂是中国主要淡水养殖鱼类之一。

◆ **分布**

团头鲂自然分布区域较窄，原产于中国湖北省的梁子湖、花马湖和淤泥湖以及江西省的鄱阳湖，现分布于长江中、下游地区的大、中型湖泊，并在淀山湖、太湖等处自然繁殖，成为这些湖泊的主要鱼类之一。

◆ **形态特征**

团头鲂体高而侧扁，呈菱形，头后背部隆起，体长为体高的 2.0～2.3 倍。头小，吻圆钝。口端位，口裂宽。上下颌等长，上下颌的角质层较薄。下咽齿 3 行。胸部平坦，腹部在腹鳍起点至肛门具腹棱，尾柄宽短，尾柄长/尾柄高为 1.07±0.21。背鳍具光滑硬刺，其长度较头长为小。尾柄高而短。体被较大圆鳞，侧线鳞

团头鲂

50～59。体背部为青灰色，两侧为银灰色，体侧每个鳞片基部灰黑，

边缘黑色素稀少，使整个体侧呈现出一行行紫黑色条纹，腹部呈银白色，各鳍条灰黑色。

◆ **生活习性**

团头鲂适于静水性生活，平时栖息于底质为淤泥、长有沉水植物的敞水区的中、下层，冬季在深水处越冬；能在盐度为 5 左右的水中生长。团头鲂最大个体可达 5 千克。团头鲂为广食性食草鱼，幼鱼主要以枝角类和其他甲壳动物为食；成鱼摄食水生维管束植物，以苦草、轮叶黑藻和眼子菜等沉水植物为主，还食少量浮游动物和部分湖底植物碎屑。在池塘人工养殖时，团头鲂可摄食配合饲料。团头鲂生长速度较快，其中以 1～2 龄生长最快，天然水体里一般当年鱼平均体长可达 10 厘米，2 龄 30 厘米，3 龄 38 厘米，4 龄 48 厘米。人工养殖条件下，团头鲂生长更快，鱼苗当年可养到 100 克左右，第二年可养成 600 克左右。团头鲂 2～3 龄可达性成熟，性腺每年成熟 1 次，产卵期在 4～6 月。成鱼集群于流水场所进行繁殖，多在夜间产卵，产卵场多在浅水多草的地方。团头鲂产卵场一般需要一定的流水，有茂密的水草，底质为软泥多沙。团头鲂个体怀卵量为 3.7 万～10.3 万粒，产卵最适水温为 20～28℃，卵微黏性，淡黄色，黏附于水草或其他物体上发育。团头鲂繁殖水温 20～30℃，最适繁殖水温 25～28℃，水温为 25℃时受精卵经两昼夜可孵出。

◆ **资源概况**

团头鲂由于生长速度较快，抗病力强，现已成为中国池塘和网箱养殖的主要养殖鱼种，对团头鲂的种质资源保护工作也已开展。在中国湖北省公安新县淤泥湖已建立了团头鲂国家种质资源库，在湖北省鄂州市梁子湖建立了国家级团头鲂原种场，各地区还建立了多个团头鲂良种场。新品种的选育也已开展，这些成果对团头鲂天然苗种资源的保护和可持续利用具有重要的意义。

◆ 养殖概况

团头鲂是中国最早人工驯养的鱼类之一。1965 ～ 1972 年，中国有 21 个省、自治区、直辖市引种驯养成功。从养殖推广以来，已在中国绝大部分地区淡水水体中养殖。其养殖规模、产量、产值等逐年增加，据联合国粮食及农业组织（FAO）统计数据，团头鲂产量从 1980 年 45 万吨、1990 年 16.2 万吨、2000 年 44.6 万吨，到 2014 年已增至 70.5 万吨。养殖产量居中国淡水养殖单一种类产量第 6。选育的优良品种有团头鲂"浦江 1 号"等。

罗非鱼

罗非鱼属动物界脊索动物门硬骨鱼纲鲈形目鲡鱼科雌性口孵的口孵罗非鱼属、双亲口孵的帚齿罗非鱼属和非口孵的切非鲫属（罗非鱼属）鱼类的统称。罗非鱼是中国主要的淡水养殖品种之一。

◆ 分布

罗非鱼自然分布于非洲内陆及中东大西洋沿岸咸淡水海区，向北分布至以色列及约旦等地。中国最早于 1956 年从越南引进罗非鱼，但真正大规模养殖是从 1978 年引进尼罗罗非鱼之后开始。罗非鱼包括亚种在内共有 100 多种，主要养殖品种为吉富罗非鱼、奥尼罗非鱼和红罗非鱼等。

◆ **形态特征**

以尼罗罗非鱼为例。体高，侧扁。头部平直或稍隆起。体被栉鳞。侧线断折，呈不连续两行。尾鳍末端钝圆形，不分叉。成鱼身侧有与体轴垂直的黑带 9 条，分布于背鳍下方 7 条、尾柄 2 条。背鳍、臀鳍及尾鳍均有黑白相间斑点，背鳍、臀鳍斑点呈斜向排列，尾鳍斑点呈线状垂直排列，成鱼 9 ~ 17 条。性成熟雄鱼尾鳍、臀鳍及背鳍边缘呈红色，背鳍呈黑色。幼鱼阶段背鳍有一个大而显著的斑点，以后逐渐消失。

罗非鱼

◆ **生活习性**

罗非鱼一般栖息于水体中下层，杂食性，植物性食物为主，人工养殖时摄食配合饲料。罗非鱼生存温度 9 ~ 42℃，水温低于 8℃时罗非鱼处于休眠状态；13℃时食欲明显减退。罗非鱼最低摄食水温 11℃，致死温度 10 ~ 12℃；28 ~ 32℃生长速度最快。罗非鱼繁殖温度在 20℃以上。罗非鱼耐低氧能力很强，水体溶氧量 1.6 毫克 / 升时，罗非鱼仍能生长和繁殖。

◆ **生长与繁殖**

不同品种的罗非鱼生长速度不同。人工养殖条件下，罗非鱼春孵鱼苗当年可养至 500 克以上。尼罗罗非鱼 6 个月即可达性成熟，体重 200

克的雌鱼，怀卵量为 1000 ～ 1500 粒。水温 18 ～ 32℃，成熟雄鱼具有"挖窝"能力，成熟雌鱼进窝配对，雌鱼产出成熟卵子，雄鱼随即射出精液并受精。立刻含于口腔，使卵子受精，受精卵在雌鱼口腔内发育。水温 25 ～ 30℃ 时，4 ～ 5 天即可孵出幼鱼。幼鱼卵黄囊消失并具有一定游泳能力时离开母体。

◆ **养殖概况**

世界上有 60 多个国家和地区养殖罗非鱼，主产区为东南亚、南美洲和非洲等热带和亚热带地区。除中国外，世界上其他主产国及地区包括埃及、印度尼西亚、菲律宾、巴西、泰国、孟加拉国等。据统计，2020 年上述国家的产量分别为 159.19 万吨、1484.50 万吨、232.28 万吨、63.02 万吨、96.25 万吨和 258.39 万吨。中国除宁夏、青海等个别地区外，其余地区均有养殖。主要养殖区域在广东、海南、广西、福建和云南等南方地区，且养殖规模、产量、产值等逐年增加。中国罗非鱼养殖产量位居全球首位，居中国淡水养殖种类产量第 6。选育品种有吉富罗非鱼"中威 1 号"、罗非鱼"新吉富"、奥利亚罗非鱼"夏奥 1 号"、莫荷罗非鱼"广福 1 号"、罗非鱼"壮罗 1 号"和罗非鱼"粤闽 1 号"等，养殖前景广阔。

鳊

鳊属动物界脊索动物门硬骨鱼纲鲤形目鲤科鳊属一种。又称长春鳊、长身鳊、鳊花。鳊是中国重要淡水经济鱼类之一。

鳊自然分布于中国黑龙江到珠江及海南省等平原地区水域，但图们江、鸭绿江及黄河龙门没有分布。朝鲜及俄罗斯也有分布。

◆ **形态特征**

鳊体高而侧扁，呈长棱形，体长为体高的 2.3 ～ 3.0 倍；背部窄；腹部自胸鳍基下方至肛门具腹棱；尾柄宽短，尾柄长为尾柄高的 0.6 ～ 1.0 倍。头小，侧扁。头长为吻长的 3.7 ～ 4.9 倍。口端位，裂斜。眼中大，位于头侧。鳃耙短，第一鳃弓外侧鳃耙 14 ～ 20，下咽齿 3 行。侧线平直，约位于体侧中央；侧线鳞 52 ～ 61。背鳍具 7 根分枝鳍条，末根不分枝鳍条为硬刺，刺粗壮而长；臀鳍具 3 根不分枝鳍条，基部甚长；尾鳍深叉。鳔 3 室，中室最大，后室小而末端尖型。体背及头部背面青灰色，带有浅绿色光泽，体侧银灰色，腹部银白色，各鳍边缘灰色。

◆ **生活习性**

鳊主要生活在江河或通江的湖泊里。对刺激敏感，好动。鳊属草食性鱼类，仔稚鱼以浮游藻类为主要食物，幼鱼和成鱼则几乎完全以高等植物为食，但在春季及初夏，也发现少数个体摄食动物性饵料及异种幼鱼。食物种类主要有水绵及其他丝状藻类、聚草、轮叶黑藻、马来眼子菜、苦草、金鱼藻和小茨藻，也少量捕食螺类和硅藻等浮游植物，偶尔也有水生昆虫。鳊喜食水绵、聚草、轮叶黑藻等食物。

◆ **生长与繁殖**

鳊生长较鲂和团头鲂慢，一般 2 ～ 3 年才能达性成熟。体长 1 龄约 108 毫米；2 龄约 169 毫米；3 龄约 270 毫米；雌鱼体长、体重生长速度快于雄鱼。鳊产卵季节较团头鲂迟，且持续时间长。鳊雄鱼成熟系数

4 月达最高值，雌鱼 5 月成熟系数最大，精巢的成熟比卵巢早。鳊相对怀卵量为 201 ～ 337 粒 / 克，平均 260 粒 / 克。鳊产漂流性鱼卵，卵透明、淡青色。性腺发育从 III 期转 IV 期，特别是 IV 期转 V 期，皆需要流水刺激，在静水中不能繁殖。

◆ **资源概况**

鳊虽在中国分布较广，但由于其生长慢，人工养殖较少，主要以天然水体捕捞为主。通江湖泊或能够进行灌江纳苗的水体有一定的产量，但其产量远低于团头鲂。

细鳞斜颌鲴

细鳞斜颌鲴属动物界脊索动物门硬骨鱼纲鲤形目鲤科斜颌鲴属一种。俗称沙姑子、黄尾刁、黄板鱼、黄条等。细鳞斜颌鲴分布于中国各大水系流域的江河、湖泊、水库中。

◆ **形态特征**

细鳞斜颌鲴体形侧扁，体长而略高，腹部稍圆。头小而尖，呈锥形。吻钝，口小，下位，呈弧形。下颌的角质缘比较发达，常用于刮取食物。背鳍具有不发达的硬刺。腹棱明显，其长度约等于肛门至腹鳍基后端的距离。鳞片细小，排列紧密。侧线鳞 71 ～ 84，咽喉齿 3 行。体背部及体侧上部灰黑色，腹部白色，鳃盖后边缘有明显的橘黄色斑块，背鳍浅灰色，臀鳍淡蓝色，尾鳍橘黄色，其他各鳍浅黄色。

◆ **生活习性**

细鳞斜颌鲴喜生活在江河、湖泊、水库等较开阔的水体中，栖息于水体中下层。适应流水生活，性较活跃。细鳞斜颌鲴有集群摄食、活动习性，一般冬季群栖于开阔水面深水处，春暖后分散活动、觅食。在自然水域中平时喜生活于江河等干支流水域，产卵季节有一定的短距离洄游现象，上溯至水流湍急的砾石滩集群产卵。细鳞斜颌鲴属杂食性鱼类，主要以水底腐殖质、硅藻、丝状藻等藻类及高等植物碎屑为食，通过发达的下颌角质边缘在水底刮取食物。

◆ **生长与繁殖**

1～2龄细鳞斜颌鲴生长最快，一般1龄鱼体重可达150～200克，2龄鱼体重可接近500克，2龄以后生长速度明显变慢。同龄鱼，雄鱼比雌鱼个体稍小。常见个体体重300～500克，最大个体体重可达1～2千克。2冬龄性成熟，成熟雌鱼体重变化415～1100克以上，平均每千克体重怀卵量20万粒左右。中国华中和华南地区生殖季节在4～6月，5月中旬至6月初为产卵盛期。卵黏性，呈浅黄色。产出时卵径0.8～1.2毫米。孵化适宜水温20～28℃。

◆ **养殖概况**

细鳞斜颌鲴一般为套养鱼类，池塘每亩套养体长8～10厘米鱼种150～200尾，不增加饲料和肥料情况下可增加鱼产量40～50千克。在具备产卵条件、腐殖质比较丰富的浅水湖泊或水库移殖鱼苗、鱼种或亲鱼，并加强资源保护，3～5年能形成自然种群，长久受益。中国安徽、湖南、湖北、江西等省已有成功经验。水体中放养细鳞斜颌鲴能充分利用水底腐殖质、植物碎屑等，增加产量、净化水质，经济和生态效益明显，养殖前景广阔。

乌　鳢

乌鳢属动物界脊索动物门硬骨鱼纲鲈形目鳢科鳢属一种。又称乌鱼、黑鱼、乌棒、财鱼、蛇头鱼等。乌鳢是中国重要淡水名优养殖鱼类之一。

乌鳢主要分布于中国长江流域以北至黑龙江一带，尤以湖南、湖北、安徽、河南、山东、河北、辽宁等省居多。

◆ 形态特征

乌鳢体前部圆筒形，尾部侧扁。背缘、腹缘较平直，尾柄较高。头尖长，后部渐隆起，有发达黏液孔。眼在头前半部。后鼻孔圆形，在眼前缘。下颌稍突出；上颌骨后端伸达眼后缘下方。上颌有细齿带；下颌前缘前方有细齿，内缘齿尖强；犁骨、腭骨有犬齿。头、体均被中等大圆鳞，头部鳞片呈不规则骨片状。侧线在臀鳍起点上方骤然下弯或断裂，折下1～2枚鳞片，沿体中部后延伸达尾鳍基部。体呈灰黑色；背部与头背面较暗；腹部灰白色；体侧有两列大的不规则黑色斑块，头侧自眼到鳃盖后缘有2条纵行黑色条纹。头背面自眼间隔起有"八八八"斑纹。

乌鳢

◆ **生活习性**

乌鳢生存水温为 0 ～ 37℃，最适水温 16 ～ 28℃。乌鳢属凶猛肉食性鱼类，常栖息于水草茂盛或水易浑浊的泥底水体中。适应能力强，缺氧或离开水时能借助鳃上腔的辅助呼吸器官呼吸，并存活相当长时间。平时游动不快，但捕食时行动异常迅猛。捕食鱼、虾；人工养殖时可摄食冰鲜鱼。乌鳢与斑鳢的杂交种还可驯化摄食人工配合饲料。

◆ **生长与繁殖**

乌鳢生长快。人工养殖条件下，1 龄鱼可达 500 克以上；乌鳢与斑鳢的杂交种（正交、反交）更具有生长优势，1 龄鱼可达 1 千克以上。雌、雄鱼个体间存在显著生长差异，雄鱼比雌鱼快 1 ～ 2 倍。

乌鳢性成熟年龄为 2+ 龄，1 千克雌鱼怀卵量 2 万～ 3 万粒，繁殖季节为 5 ～ 9 月。繁殖时雌、雄亲鱼配对，选择水草丛生区域交配产卵；卵浮性，金黄色，具油球，直径 2 毫米左右；水温 28℃条件下，约 24 小时孵化出苗；卵黄囊吸收完毕后下沉集群游泳并摄食浮游动物。亲鱼有护卵护幼习性。

◆ **养殖概况**

乌鳢是中国传统优质鱼类鳢的代表种。鳢全国养殖产量为 55 万吨左右。乌鳢多在湖区等饵料鱼及水源丰富地方养殖，但对渔业资源和水环境破坏较严重，养殖规模和区域受到限制。以乌鳢为父本、斑鳢为母本的杂交鳢能够全程摄食配合饲料，生长速度快，但不耐寒，主要在长江流域及以南地区推广，并成为主要养殖品种，相关审定品种有杂交鳢

"杭鳢1号"。以斑鳢为父本、乌鳢为母本的杂交鳢品种生长速度快、摄食配合饲料,同时也具有抗寒能力强的特点,适合中国大部分地区推广养殖,相关审定品种有乌斑杂交鳢。为解决雌雄差异大影响养殖效益的问题,育种工作者开展鳢的性别控制技术攻关并取得突破,在已有品种的基础上已培育出全雄品种,再次显著提高了养殖经济效益,相关审定品种有杂交鳢"雄鳢1号"。

月 鳢

月鳢属动物界硬骨鱼纲鲈形目攀鲈亚目鳢科鳢属一种。又称七星鱼、星鱼、星光鱼、山斑鱼等。

月鳢分布于中国、越南、菲律宾等大部分东南亚国家,以及少数东北亚国家。

◆ **形态特征**

月鳢体背、腹缘几乎平直,尾柄短。头宽,中等大,圆钝,后部圆筒形。眼中等大,头的前半部眼间隔宽凸。前鼻孔呈细长管状,伸越上颌边缘;后鼻孔圆形,紧靠眼前缘上方。上颌骨末端伸达或伸越眼后缘下方。上、下颌外行齿绒毛状,下颌内行齿较大;犁骨、腭骨有细齿。舌端尖圆。鳃盖膜跨越峡部。鳃耙较弱,上鳃耙略为明显。

月鳢

头、体部均被中等大的圆鳞；头部鳞片呈不规则扩大。侧线自鳃盖上缘沿体侧上部向后延伸至肛门上方附近中断，折下 1 枚鳞片宽，向后沿体中部延伸至尾鳍基。

月鳢背鳍 1 个，起点在胸鳍基部稍后上方，末端鳍条伸越尾鳍基。臀鳍起点在背鳍第十五至十六鳍条下方。无腹鳍。各鳍均无棘。体绿褐色或灰黑色，腹部灰白。眼后头侧有 2 条黑色纵带，伸至鳃盖，上带且弯向胸鳍基底；体侧有 7 ～ 10 条"＜"形黑褐色横纹带；尾鳍基部两侧各有 1 边缘为白色的黑色眼状斑；全身布满珠色亮点，背鳍与臀鳍灰褐色，有白色亮点。

◆ 生活习性

月鳢属广温性鱼类，适应性强，生存水温为 1 ～ 38℃，最适水温 15 ～ 28℃。喜阴暗、善打洞、穴居、群居、残食等生活习性。月鳢喜栖居于山涧溪流，也在江河、沟塘等水体生活。月鳢性凶猛，动作迅速，动物性杂食鱼类，以鱼、虾、水生昆虫等为食。月鳢生长缓慢，最大个体 250 克。长江流域，月鳢雌、雄鱼性成熟年龄均为 2+ 龄；珠江流域，月鳢性成熟为 1+ 龄，体重 100 ～ 250 克。月鳢繁殖季节为 4 ～ 7 月，5 ～ 6 月为盛期，适宜水温 18 ～ 28℃。月鳢有筑巢行为，可多次产卵。月鳢卵浮性，卵黄内有油球。月鳢绝对怀卵量为 1000 ～ 15000 粒，相对怀卵量为 15 ～ 32 粒 / 克。

◆ 养殖概况

月鳢肉质鲜美，被誉为珍品，中国具一定养殖量，但总体量不大。

斑 鳢

斑鳢属动物界硬骨鱼纲鲈形目攀鲈亚目鳢科鳢属一种。又称黑鱼、斑鱼、生鱼等。斑鳢主要分布于中国长江以南及海南岛各水系。

◆ **形态特征**

斑鳢体前端圆筒形，背、腹缘较为平直，尾柄较粗短。头大而宽钝，有黏液孔。眼在头的前半部。后鼻孔圆形。上颌骨后端伸达眼后缘下方。上颌及下颌前方有绒毛状齿带；下颌两侧齿尖锐，强大，犬齿状；犁骨有1枚锥形弯曲大齿；腭骨有尖齿1行。舌端尖形。鳃孔中等大。鳃耙为有纵生毛状细齿的结节。头、体均被中等大圆鳞，头

斑鳢

部鳞片呈骨片状。侧线自鳃孔上角向后延至臀鳍起点上方中断，急骤下弯，折下1～2枚鳞片宽，向后沿体中部伸达尾鳍基。

斑鳢背鳍1个，起点在腹鳍基部上方，后部鳍条伸达尾鳍基部。胸鳍、腹鳍灰色，腹鳍短小，近胸位，起点在胸鳍中部下方，左右腹鳍互相靠近，后端不伸达肛门。头背面两眼间有1条黑色横带，其后有2个"八"字形斑纹，近似呈"一八八"字样；自吻端到鳃盖骨后部、自眼后到胸鳍基部及自眼到上颌中部和上颌骨末端各有1黑色纵带；背部有1纵行黑斑，体侧有2纵行黑斑。

◆ **生活习性**

斑鳢常栖息于水流缓慢、水草丛生和淤泥地质的河沟及池塘中。斑鳢属凶猛肉食性鱼类，常潜伏于水草及水底袭击小鱼、虾类，人工养殖时可驯化摄食人工配合饲料。斑鳢适应能力强，在缺氧或离开水时能借助鳃上腔的辅助呼吸器官呼吸，存活相当长时间。斑鳢不耐寒，水温低于 4℃时会被冻伤或死亡。斑鳢的生长速度较快，最大个体体重达 5 千克以上。斑鳢生存水温 6 ～ 40℃，最适水温 20 ～ 28℃。当温度升高或降低，则生长速度减慢，11 月份以后，当水温降低至 15℃以下时，斑鳢几乎不摄食，基本停止生长。冬季低温期间，斑鳢完全停止生长，多潜入洞穴或钻入泥层中过冬。2+ 龄前，为斑鳢体长加速生长阶段；2 龄后，体长增长减慢，体重增长较快。在人工饲养条件下，斑鳢鱼体生长更加快速。斑鳢性成熟年龄为 1+ 龄，250 克雌鱼怀卵量 0.5 万～ 0.8 万粒。斑鳢繁殖季节为 4 ～ 7 月。繁殖时雌、雄亲鱼按 1∶1 配对，选择具水草丛生沿岸水体以水草构筑鱼巢。斑鳢卵为浮性，淡黄色，卵黄囊具油球，卵直径 2 毫米左右。水温 28℃条件下，斑鳢受精卵约 24 小时孵化出苗，卵黄囊吸收完毕后下沉游泳并开始摄食浮游动物。斑鳢亲鱼具有护幼习性。

◆ **养殖概况**

斑鳢曾是中国华南地区重要淡水名优养殖鱼类之一，但个体小、生长优势不明显，大部分已被杂交鳢取代，斑鳢养殖作为杂交种的亲本配套。

大口黑鲈

大口黑鲈属动物界硬骨鱼纲鲈形目太阳鱼科黑鲈属一种。俗称加州鲈。

大口黑鲈原产于北美的淡水湖泊和河流，由两个亚种组成，分布在美国佛罗里达半岛的佛州亚种和分布在美国中部及东部地区、墨西哥东北部地区及加拿大东南部地区的北方亚种。20 世纪 70 年代末，北方亚种引入中国台湾地区，并于 1983 年人工繁殖成功；同年从台湾引入广东省。

◆ 形态特征

大口黑鲈身体呈纺锤形，侧扁，背肉稍厚，横切面为椭圆形。口裂大，斜裂。颌能伸缩。牙齿为绒毛细齿，比较锐利。鳃耙数 6 ～ 7。体被细小栉鳞，侧线鳞 62 ～ 63。肠为体长的 0.54 ～ 0.73 倍。身体背部为青灰色，腹部灰白色；从吻端至尾鳍基部有排列成带状的黑斑。

◆ 生活习性

在自然环境中，大口黑鲈喜栖于沙质或沙泥质且混浊度低的静水环境，尤喜群栖于清澈的缓流中。一般活动于中下水层，常藏身于植物丛中。大口黑鲈生存水温 1 ～ 36℃，10℃以上开始摄食，最适生长温度为 20 ～ 30℃。大口黑鲈属肉食性鱼类，摄食性强，食量大，特别在苗种培育期间相互残杀。人工养殖成鱼可投喂鲜活小杂鱼、切碎的冰鲜鱼，也可投喂人工配合饲料。

◆ 生长与繁殖

珠江三角洲地区大口黑鲈成鱼养殖通常在 4 月份放苗，10 月份当鱼长到 400 克以后即可分批收获，一般到翌年 1 月份经过 2～3 批收获即可收获完，产量约 2500 千克／亩。4～5 月份放养的鱼种在翌年春可达性成熟。每年 2～3 月，气温升到 20℃左右就开始繁殖。在池塘里可自然产卵，也可人工催产。卵球形，淡黄色，内有金黄色油球，卵径为 1.3～1.5 毫米，卵产入水中卵膜迅速吸水膨胀。黏性卵，黏附在鱼巢上。受精卵一般在水泥池中进行孵化，水温 18～21℃时，经约 45 小时孵化出膜。刚出膜的鱼苗半透明，长约 0.7 厘米，集群游动，出膜后第 3 天，卵黄被吸收完后开始摄食。

◆ **养殖概况**

大口黑鲈肉质好，无肌间刺，生长快，适合活鱼运输。1985 年，在池塘里自然繁殖成功，此后大口黑鲈被引往中国大多数省、自治区、直辖市试验和养殖，产量稳步增长，已成为中国重要的淡水养殖品种之一。

鲇

鲇属动物界脊索动物门硬骨鱼纲鲇形目鲇科鲇属一种。又称塘虱鱼、土鲇、鲇拐、鲶巴郎（鲇字也写作鲶，以体黏滑得名）。

鲇分布于亚洲东部中国黑龙江到珠江水系，俄罗斯、日本及朝鲜半岛也有分布。

◆ **形态特征**

鲇属躯干部侧扁，腹部平而柔软，可胀可缩，体高大于头高，全身外部轮廓呈"凿"形。头部扁平。口阔。口裂浅，亚上位，末端仅与眼前缘相对，下颌突出，上、下颌及犁骨上有密而骨质的细齿，齿带连成一片。眼小侧生，眼球外无革质膜遮盖。须2对，颌须特长，达胸鳍后基；幼体尚有颐须1对。尾圆而短，不分叉。周身无鳞，身体表面多黏液。背鳍短，鳍条4～5；腹鳍亦短，鳍条12～13；臀鳍特长，鳍条68～85，无骨质硬棘，仅胸鳍有粗壮的硬棘，胸鳍前缘有明显锯齿；臀鳍与尾鳍相连。幼鱼期背部浅灰色，成体背部深灰色，胸部灰白色。在清水中背部灰绿，深水中为油黄色。

◆ **生活习性**

鲇营栖生活。昼间多潜隐于深水处，夜间或黎明时活动觅食。秋后栖居于深水处或淤泥中越冬，摄食强度减弱。鲇属肉食性鱼类，以小个体的底栖鱼类为食；也可以近岸生活的小型鱼类为食。成鱼、幼鱼还以无脊椎动物、水生昆虫的幼体，以及蜉蝣和蜻蜓稚虫、摇蚊幼虫等为食。此外，鲇还能吞食黄颡鱼和本种幼鱼。鲇吞食下的猎获物一般只为其体长的1/2左右。摄食时不集群，隐蔽在水底石隙间窥伺，在较远的距离即能发现和捕获对象。

◆ **生长与繁殖**

鲇生长快，1龄鱼体长达20厘米，体重150克；2龄鱼体长达40厘米，体重达550克。2龄后生长显著变慢，最大个体不超过42厘米。同龄鱼中雌性生长快于雄性。鲇1龄即达性成熟，雌鱼体长18.6厘米以上、体重48克以上性成熟，雄鱼体长15.9厘米以上、体重达30克以上性成熟，雄鱼无保护卵和幼鱼习性。水温16～22℃开始产卵，具一年多次产卵习性。产卵期间亲鱼集成小群体，雌、雄比约为 3 ∶ 1。在春、夏季繁殖，个体怀卵量在 1.5 万～8.2 万粒。黏性卵，绿色，卵径为 0.14～0.18 厘米，卵产出后黏在水草上。孵出的仔鱼常分散活动。鲇在产卵时成群活动。

◆ 资源概况

鲇属淡水捕捞对象之一。由于其肉质细嫩、味鲜美、少骨刺、易加工，受到消费者喜爱，有一定养殖价值，但一般作为池塘养殖中的搭养鱼类。

大口鲇

大口鲇属动物界脊索动物门硬骨鱼纲鲇形目鲇科鲇属一种。又称南方大口鲇。俗称河鲇、叉口鲇、鲇巴郎、大鲇鲌等。大口鲇属温水性底层大型凶猛食肉鱼，是一种名贵淡水经济鱼类。

大口鲇自然分布于中国长江、珠江及闽江等流域。

◆ 形态特征

大口鲇头部宽扁，腹部短粗，躯干部延长纵高，尾长而侧扁。口大，口裂深、末端伸达眼中央下方。上、下颌密布向内倒钩的细齿。犁骨齿带分为 2 团。眼小侧生，被有透明的薄膜。须 2 对，下颌突出，上颌须特长可达到胸鳍基部之后；幼体须 3 对（颐须 1 对，体长 15 厘米后逐渐消失）。外鳃耙数 13～17。体表无鳞，极富黏液。背鳍短小，簇状。腹鳍无粗壮硬棘；胸鳍有一粗壮硬棘；臀鳍特长，末端与尾鳍相连。体色随不同发育期、环境与食物而有变化。刚出膜鱼苗透明，幼鱼淡黄色，成鱼背部及体侧多灰褐色、黄绿色或灰黑色，腹部灰白色，各鳍灰黑色。体侧无云状花纹。肠短，有一个能膨大的胃。

◆ **生活习性**

　　大口鲇栖息于水域底层，白天多成群潜伏水底弱光处，夜晚在整个水域觅食。大口鲇不善跳跃，不钻泥，起捕率较高。大口鲇生存水温 $0 \sim 38℃$，最适水温为 $23 \sim 28℃$。大口鲇适应 pH 为 $6.0 \sim 9.0$，最适 pH 为 $7.0 \sim 8.4$。在天然水域，大口鲇以鱼、虾为食，主要捕食经济价值较低的鱼类，具嗜食鱼类的特点。池养条件下，大口鲇除摄食小杂鱼、家鱼鱼苗、水蚯蚓外，还捕食动物尸体及下脚料、血液凝块等，最喜食相应规格的草鱼、鲤、鲫。大口鲇经驯化转食后可摄食配合饲料。食物缺乏时，大口鲇同类自相残食严重。

◆ **生长与繁殖**

　　大口鲇是自然分布于中国的鲇科 12 种鱼类中生长最快、个体最大的一种，最大个体体重可达 50 千克以上。在天然水域，1 龄鱼全长可达 $33.3 \sim 46.8$ 厘米，体重 $0.39 \sim 0.51$ 千克；2 龄鱼全长可达 $47.3 \sim 61.2$ 厘米，体重 $1.18 \sim 1.5$ 千克；3 龄鱼全长可达 $61.8 \sim 73.9$ 厘米，体重 $2.0 \sim 2.27$ 千克；4 龄鱼全长可达 $74.5 \sim 81.9$ 厘米，体重 $3.68 \sim 4.41$ 千克。人工饲养条件下，当年苗养至年底平均体重达 1 千克以上，混养时可达 $2 \sim 3$ 千克。第 2 年能长到 $2 \sim 3$ 千克，第 3 年能长至 $5 \sim 7$ 千克。

　　在天然水域中，大口鲇雌鱼 $3 \sim 4$ 龄成熟，性成熟雌鱼体长一般在 61 厘米以上，体重在 1.9 千克以上。雄鱼 $2 \sim 3$ 龄成熟，一般体长在 52 厘米以上，体重在 1.2 千克以上。人工繁殖时多选择 9 千克以上雌鱼催产。怀卵量初产亲鱼 0.5 万～ 1.0 万粒 / 千克，经产亲鱼 1.0 万～ 1.7 万粒 / 千克。卵油黄色，黏性卵，卵径 0.17 ～ 0.20 厘米。卵黏附在细沙底质或石缝中孵化，繁殖水温 15 ～ 28℃，最适繁殖水温 22 ～ 24℃。水温 22 ～ 25℃时，孵化需 26 ～ 36 小时。

◆ **养殖概况**

大口鲇生长快、肉质细嫩、抗寒、易起捕，深得广大生产者和消费者的青睐，是水产养殖生产中的一种优良养殖对象。在淡水养殖中主要作为搭养优质鱼类品种之一，有一定的养殖前景。

革胡子鲇

革胡子鲇属动物界脊索动物门硬骨鱼纲鲇形目胡子鲇科胡子鲇属一种大型鲇类。又称埃及塘虱鱼、埃及塘角鱼、埃及胡子鲇、八胡鲇、八须鲇。革胡子鲇属偏肉食性杂食淡水鱼类。

革胡子鲇原产非洲尼罗河流域。1981 年，从埃及引入中国广东试养，已成为中国主要养殖鱼类之一。

◆ **形态特征**

革胡子鲇体长形，体后部侧扁，尾小。头大平扁，宽而坚硬。吻宽而钝，口端下位，两颌及犁骨具细密绒毛状小齿。牙齿发达。眼极小，接近口角。须 4 对，其中颌须 1 对最长，位于口角，长度超过胸鳍基部；颐须 2 对，鼻须 1 对，均短于颌须。鳃耙少，前上方有发达的鳃上辅助呼吸器官，呈珊瑚状。体表裸露无鳞，黏液丰富。尾、胸、腹鳍都较小，胸鳍具硬棘，粗钝，外侧锯齿明显；尾鳍铲状，不分叉，背鳍、臀鳍特别长，向后延伸几与尾鳍相连。体背部灰褐或灰黄色，体侧有不规则暗灰色和黑色斑块；胸、腹部为白色。胃大肠短。

◆ **生活习性**

革胡子鲇为热带底栖鱼类，除水体缺氧时浮上水面呼吸外，常在水体下层活动。革胡子鲇厌强光，喜栖阴暗处。革胡子鲇性凶猛，10厘米以下个体相互残食厉害，食量不足时也易种内相残。革胡子鲇有趋新水习性，沿水流上溯，从池角跃起爬行，能越过20～30厘米障碍物逃跑。革胡子鲇夜间活动频繁，常成群结队索饵。革胡子鲇摄食生长水温15～35℃，最适生长水温20～32℃，低于12℃停止摄食，进入休眠状态，临界低温为6.5℃。革胡子鲇是以动物性饵料为主的杂食性鱼类。刚出膜3～4天的仔鱼以自身卵黄为营养；鱼苗鱼种以轮虫、枝角类、桡足类、水蚯蚓、摇蚊幼虫及其他水生昆虫为食；成鱼主要以各种小型鱼、虾、螺、蚌肉等为食。人工养殖条件下，革胡子鲇既食动物性饵料，也食植物性饵料和配合饲料。性贪食，食量可达自身体重的10%～15%。

◆ **生长与繁殖**

革胡子鲇生长快、群体产量高、耐低氧。原产地饲养1龄个体体重可达2～5千克。养殖周期短，在中国南方当年苗经5～6个月饲养，个体体重可达0.5～1.5千克，少数可达2.5千克；北方水温低，饲养时间短，个体相对较小。

革胡子鲇10个月性成熟，一年可产卵4～5次，属一年多次产卵类型。亲鱼产卵量与其个体大小成正比。黏性卵，圆形，黄绿色，卵径

0.12 ～ 0.14 厘米。繁殖季节南方一般在 4 ～ 10 月，最适为 5 ～ 6 月。繁殖适宜水温为 22 ～ 32℃，最适为 23 ～ 32℃。体重 0.25 ～ 0.5 千克的雌鱼怀卵量 1.5 万 ～ 6.5 万粒，体重 0.75 ～ 1.25 千克的雌鱼为 11.5 万 ～ 18.0 万粒。革胡子鲇雌、雄鱼发情后，常于池边水草处产卵、排精与受精。受精卵附着于水草或人工鱼巢上，在水温 25 ～ 30℃时从受精到孵化出膜约需 20 小时。

◆ 养殖概况

革胡子鲇产量高，无鳞，骨刺少，有一定药用价值，对养殖水体与技术要求不高。革胡子鲇适合小型池塘、家庭庭院及稻田养殖。因不耐低温，养殖地域受限；又受消费需求变化，革胡子鲇养殖区域主要在中国长江以南各省、自治区，养殖总产量正逐渐减少。

兰州鲇

兰州鲇属动物界脊索动物门硬骨鱼纲鲇形目鲇科鲇属一种。又称黄河鲇。兰州鲇是黄河中上游地区特有的大型土著经济鱼类。

兰州鲇自然分布于中国黄河水系的甘肃、宁夏至内蒙古段，宁夏是典型的地理分布区。

◆ 形态特征

兰州鲇体形长。眼甚小。须 2 对，成鱼口角须后伸超过胸鳍基部，颌须后伸不超过鳃盖骨后缘。胸鳍硬刺前缘有微弱锯齿突起。犁骨齿带中间分离，为左右 2 条新月型齿带。背鳍 I -3；臀鳍 I -77 ～ 86；侧线鳞 I -10 ～ 11。体侧灰褐色，腹部有灰褐色花斑，各鳍灰黑色。

◆ **生活习性**

兰州鲇属底层凶猛食肉淡水鱼类，多栖息于黄河近岸的石隙、洞穴或水草丛生的底层等阴暗环境，尤喜生活于流速较缓的水域，亦能适应于急流水中。兰州鲇具洄游性和群居性。兰州鲇属广温性鱼类，生长适宜水温为 22 ～ 25℃。水中溶氧量低于 1 毫克 / 升时窒息死亡，达 3 毫克 / 升时即可正常生长。兰州鲇喜微碱性水质。兰州鲇喜在夜间浅水处觅食，食物组成因个体大小而异。破膜 3 日龄后，仔鱼开口饵料以枝角类、轮虫、桡足类等小型浮游动物为主，至 8 日龄可食水蚯蚓，体长达 50 ～ 70 毫米后，逐渐转变为以捕食小型鱼类为主。人工养殖时，兰州鲇喜食动物性饵料，经人工驯养亦可用粗蛋白含量 40% 左右的人工配合饲料进行驯养，7 ～ 9 月摄食量最大，生长最快。

◆ **生长与繁殖**

黄河流域兰州鲇野生群体生长慢，平均体重：1 龄 0.05 千克；2 龄 0.36 千克；3 龄 0.42 千克；4 龄 0.73 千克；5 龄 1.16 千克；最大个体可达 10 千克以上。以 3 ～ 5 龄体重增长最快。商品规格一般为 0.5 ～ 1.5 千克。小水体养殖周期为 2 年，大水体养殖周期多为 3 年。3 ～ 4 龄性成熟，每年 5 ～ 7 月，水温达 18℃以上产卵，繁殖适宜水温为 21 ～ 25℃，最适产卵孵化水温为 22 ～ 24℃。5 ～ 6 月为繁殖盛期。个体绝对怀卵量为 0.24 万～ 3.38 万粒，平均 2.06 万粒，个体相对繁殖力为 7.0 ～ 41.1 粒 / 克，平均 31.4 粒 / 克。黏性卵，橘黄色，卵径 0.7 ～ 1.8 毫米，平均为 1.3 毫米。自然水域受精卵黏附水草、石头等，在微流水中孵化，孵出的仔鱼恋巢倾向明显，离巢的仔鱼有阶段性的集群行为。规模化人工繁育一般进行人工催产、人工授精后，将受精卵黏附在人工纱网鱼巢置于孵化槽，进行底部微曝气静水孵化。破膜孵化出的 3 日龄仔鱼投喂人工培育动物性饵料，经 5 ～ 7 天暂养后即可下塘培育或直接销售。

◆ **养殖概况**

兰州鲇产肉率高、肉鲜质嫩、营养价值高，俗有"黄河鲇鱼活人参"之美称。2008 年，宁夏攻克兰州鲇规模化人工繁育技术，继而进行了兰州鲇人工养殖。因市场价格较高，有较好的养殖前景。

黄颡鱼

黄颡鱼属动物界脊索动物门硬骨鱼纲鲇形目鲿科黄颡鱼属一种。又称黄腊丁、黄骨鱼、黄牯等。黄颡鱼是中国重要淡水经济养殖鱼类之一。

黄颡鱼广泛分布于中国除西部高原和新疆地区外的江河、湖泊和水库等水域。

◆ **形态特征**

黄颡鱼体无鳞，体后半部分稍微侧扁。头大且扁平，口裂大，下位，上颌稍长于下颌，上下颌均有绒毛状细齿。眼中等大，侧上位，眼间隔稍隆起。有须 4 对，鼻须达眼后缘，上颌须最长，可伸达胸鳍基部之后。颌须 2 对，外侧一对较内侧一对为长。体背部黑褐色，体侧黄色，并有 3 块断续的黑色条纹，腹部淡黄色，各鳍灰黑色。胸鳍硬刺发达，末端近腹鳍，且前后缘均有锯齿，前缘具 30 ～ 45 枚细锯齿，后缘具 9 ～ 17 枚粗锯齿；胸鳍较臀鳍端，末端游离，起点与臀鳍相对；背鳍不分支，鳍条为硬刺，后缘有锯齿，背鳍起点至吻端较小于至尾鳍基部的距离；尾鳍深叉形。

◆ **生活习性**

黄颡鱼属温水性鱼类，环境适应能力较强，最适生长温度 25 ～ 28℃，耐低氧能力一般。黄颡鱼在静水或江河缓流的浅滩生活，白天潜伏于水底层，夜间活动，冬季多聚在支流深水处。黄颡鱼属杂食性鱼类，可食小鱼、虾、各种陆生和水生昆虫、小型软体动物和其他水生无脊椎动物。规格不同的黄颡鱼食性也有所不同，体长 2 ～ 4 厘米，主要摄食桡足类和枝角类；体长 5 ～ 8 厘米的个体，主要摄食浮游动物及水生昆虫；超过 8 厘米个体，摄食软体动物（特别喜食蚯蚓）和小型鱼类等。在人工养殖条件下也摄食配合饲料。

◆ **生长与繁殖**

雄性黄颡鱼生长快且体形大于雌性黄颡鱼。雌、雄性成熟年龄均为 2 龄，性成熟个体性腺每年成熟一次，分批产卵。雌鱼相对怀卵量约 80 粒 / 克。黏性卵。成熟雄鱼肛门后有生殖突。5 ～ 7 月，性成熟雄鱼游至沿岸水草茂密的淤泥处利用胸鳍刺在泥底挖一小坑，即为产卵的鱼巢。待雌鱼入巢进行产卵受精。雌鱼产过卵后即离巢觅食，雄鱼保护后代。在繁殖季节，通过注射催产药物进行人工繁殖。

◆ **养殖概况**

黄颡鱼因肉质细嫩、营养丰富、味道鲜美、少刺，深受广大消费者欢迎，且其经济价值较高。其主要养殖地集中在湖北、浙江、广东、江西、安徽和湖南等地。2021 年，中国黄颡鱼养殖产量为 58.78 万吨。至 2022 年底，已选育的品种有黄颡鱼"全雄 1 号"和杂交黄颡鱼"黄优 1 号"。

瓦氏黄颡鱼

瓦氏黄颡鱼属动物界脊索动物门硬骨鱼纲鲇形目鲿科黄颡鱼属一种。又称江黄颡。瓦氏黄颡鱼是中国特有物种。

瓦氏黄颡鱼广泛分布于长江、珠江、钱塘江、淮河、黄河及其支流，长期与大型河流相通的大型湖泊中也有分布。

◆ 形态特征

瓦氏黄颡鱼体长，侧线较平直，后半部侧扁，尾柄较细长，头部扁平，头顶部覆盖薄皮。吻钝圆。口下位，上下颌皆有绒毛状细齿，上颌细齿带 2 条。眼小，侧上位。触须 4 对，呈青黑色，其中鼻须末端达到眼眶后缘。上颌须末端超过胸鳍基部，颏须较上颌远。体表光滑无鳞。背鳍刺长于胸鳍刺，且后缘有锯齿；胸鳍硬刺粗长，前缘光滑，后缘锯齿发达，胸鳍远不达腹鳍，腹鳍末端达臀鳍；腹鳍末端游离，较臀鳍稍短，并与其相对；尾鳍叉形，上叶稍长于下叶。背部灰褐色，体侧灰黄色，腹部灰白色，各鳍淡黄色。

瓦氏黄颡鱼

◆ **生活习性**

瓦氏黄颡鱼属底层鱼类，栖息于江河缓流或湖泊静水环境中。瓦氏黄颡鱼为杂食性鱼类，主食昆虫幼虫及小虾，也可摄食禾本科植物碎片和种子等。瓦氏黄颡鱼生长速度较快，个体最大体重可达 1 千克以上。雌、雄鱼性成熟年龄均为 2 龄，每年 5 ～ 7 月达性成熟。性成熟个体性腺每年成熟一次，分批产卵。雌性相对怀卵量 40 ～ 60 粒 / 克。黏性卵。瓦氏黄颡鱼经人工培育后性腺发育较快，大部分亲鱼性成熟较早。水温24 ～ 28℃，即可进行该鱼的催产繁殖。当水温超过 30℃时，胚胎发育停止，卵粒开始脱落窒息死亡。因此，其人工繁殖季节以 5 ～ 6 月较为适宜。

◆ **养殖概况**

瓦氏黄颡鱼肉质细嫩、营养丰富、味道鲜美、少刺，深受广大消费者欢迎。可以进行池塘养殖、流水养殖，也适合于集约化养殖。

鳜

鳜属动物界脊索动物门硬骨鱼纲鲈形目鳜亚科鳜属一种。又称松花江鳜、桂花鱼、季花鱼、季鱼、鳌花鱼等。俗称翘嘴鳜。鳜与黄河鲤、淞江鲈、兴凯湖白鱼被誉为中国淡水"四大名鱼"。鳜是中国的特有鱼类，属上等淡水食用鱼类，同属常见种类有大眼鳜、斑鳜、暗鳜等，均较鳜的生长速度慢。

除青藏高原外，中国各大江河和湖泊均有鳜的自然分布。

◆ **形态特征**

鳜体稍延长，侧扁而高。头颇大。吻尖突。腹部圆。口大，吻尖，下颌明显长于上颌，上颌骨末端可伸达眼后缘。上下颌、犁骨、口盖骨上都有大小不等的小齿。眼较小。前鳃盖骨后缘呈锯齿状，下缘有 4 个大棘；后鳃盖骨后缘有 2 扁棘，鳃耙 6～7 个。体被小圆鳞。侧线沿背弧向上弯曲。背鳍鳍棘部和鳍条部连续，鳍棘具毒腺；尾鳍圆形。幽门盲囊 200 以上，分为 3 群。体黄绿色，腹部灰白色，体侧有不规则暗棕色斑块，自吻端穿过眼眶至背鳍前下方有一条狭长的黑色带纹。

◆ **生活习性**

鳜喜清洁、透明度高的静水或缓流水体的近底层，尤以水草茂盛的河段、湖泊、水库中居多。鳜平时独居生活，夏、秋季活动频繁，冬季不大活动，常在深水处越冬，冬季一般不完全停止摄食。当春天水温回升到 7℃ 以上时，鳜开始摄食，白天潜伏于泥穴中，夜间喜在水草丛中觅食。鳜为广温性鱼类，生存水温 0～35℃，最适水温 18～25℃。鳜是典型的肉食性凶猛鱼类，以小鱼、小虾为食，终身食活饵料。当鳜苗卵黄囊大部分消失时，便转入主动捕食阶段，捕食其他鱼苗或同类相残，有时可吞食超过自身长度的鲢、草鱼、青鱼、鳊、鲂等鱼苗。不同生长阶段摄食对象有所不同，全长 15 厘米以下的鳜鱼喜食虾类及小型的鱼类，25 厘米以上则喜食较大型鱼类，如鲤、鲫等。

◆ **生长与繁殖**

长江流域天然水体中，1 龄鳜体重可达 120 克，2 龄体重达 300 克，3 龄体重达 800 克，4 龄体重达 1500 克，4 龄以上生长减慢，天然水域捕获的最大个体体重达 10 千克。人工养殖条件下饵料充足，生长迅速，当年鳜苗养殖到年底体重可达 0.5 ～ 1 千克。性成熟早，天然水体雄鱼 1 龄性成熟，雌鱼 2 龄性成熟。在人工养殖条件下雌、雄鱼 1 龄均可达性成熟，但在人工繁殖时一般选择 2 龄及以上年龄的鳜作为繁殖亲本。怀卵量较大，一般相对怀卵量为 10 万粒 / 千克，个体绝对怀卵量为 3 万～ 20 万粒，绝对怀卵量随着亲鱼个体增大而增加。鳜的繁殖季节因地而异，长江流域一般在 5 ～ 7 月，南方在 4 月，北方则较迟。繁殖适宜水温为 21 ～ 32℃，最适水温是 25 ～ 28℃。卵含油球，漂流性卵，卵径为 1.2 ～ 1.4 毫米。水温 21 ～ 24℃，受精卵孵化时间仅需 3 天。

◆ 养殖概况

根据 2022 年《中国渔业统计年鉴》统计，2021 年中国鳜的养殖产量为 37.3 万吨。选育的优良品种比较多，如翘嘴鳜"华康 1 号"、翘嘴鳜"广清 1 号"、全雌翘嘴鳜"鼎鳜 1 号"、翘嘴鳜"武农 1 号"等，深受广大消费者的喜爱。另外，至 2022 年底，鳜驯化摄食人工配合饲料已获突破，有望实现产业化。

赤眼鳟

赤眼鳟属动物界脊索动物门硬骨鱼纲鲤形目鲤科雅罗亚科赤眼鳟属一种。俗称红眼鱼、赤眼鲮、野草鱼。赤眼鳟是主要野生经济鱼类之一，已驯化养殖，成为淡水养殖的主要鱼类之一。

赤眼鳟自然分布区域很广，中国各大水系均有分布。

◆ **形态特征**

赤眼鳟体长筒形，后部较侧扁，背部平直。体长为体高的 3.8 ～ 4.4 倍。头较小，近圆锥形。吻略尖，吻长大于眼径。口端位，上颌与下颌等长或稍长。须 2 对，细小，分别位于口角和吻的边缘。眼中等大，眼上缘有 1 红斑。下咽齿 3 行。胸鳍、腹鳍和背鳍均较短，无硬刺。尾鳍分叉较深，上、下叶约等长。尾柄较长，尾柄长为尾柄高的 1.2 ～ 1.4 倍。鳞较大，侧线完全，侧线鳞 43 ～ 45。体背部青灰色或黄色，体侧银白色，腹部白色。体侧鳞片基部有 1 黑斑，形成纵纹。腹鳍金黄色，尾鳍深灰色且具黑色边缘，其余各鳍青灰色。

赤眼鳟

◆ **生活习性**

赤眼鳟喜栖于水流缓慢的水体环境，主要生活在江河、水库、湖泊及养殖池塘等水体的中上层，适应性强，喜跳跃，好集群。赤眼鳟属广温性鱼类，生存温度为 2 ～ 40℃，适宜温度为 18 ～ 30℃。赤眼鳟为杂食性鱼类，以藻类和水生高等植物为主，兼食有机碎屑、水生昆虫、甲壳动物、淡水壳菜、小鱼等。在人工养殖条件下，赤眼鳟喜食配合饲料。

◆ **生长与繁殖**

江河自然水域赤眼鳟的生长速度较慢。人工养殖条件下生长较快，鱼苗当年可养到 200 克左右，第 2 年可达 600 克，第 3 年可达 800 克。

2 龄可达性成熟。繁殖期 4 ～ 9 月，5 ～ 7 月为高峰；产卵条件要求不严格。不分批产卵鱼类，属敞水性产卵类型。卵沉性，浅绿色。绝对怀卵量平均 16 万粒，相对怀卵量平均 220 粒 / 克；适宜繁殖水温 22 ～ 28℃，水温 25℃时受精卵经 24 小时可孵出。

◆ **养殖概况**

2001 年中国陆续开展人工驯养赤眼鳟并繁殖成功以来，已在全国各地推广养殖。赤眼鳟池塘养殖亩放养尾重 25 克以上鱼种 1500 ～ 1800 尾，产量可达 600 ～ 800 千克；网箱养殖每平方米放养尾重 25 克以上鱼种 80 ～ 120 尾，产量可达 50 ～ 80 千克。

◆ **价值**

赤眼鳟肉质鲜美，食性广、杂，养殖成本低，适合主养或套养、池塘或网箱等多种模式养殖，上市不受季节影响，经济效益高，养殖前景广阔。

虹 鳟

虹鳟属动物界脊索动物门硬骨鱼纲鲑形目鲑科大麻哈鱼属一种。因成熟个体沿侧线有一棕红色纵纹，似彩虹，故又称彩虹鳟。虹鳟是世界上广泛养殖的重要冷水性鱼。

虹鳟原产北美洲的山涧、河流中。加拿大、美国、墨西哥的太平洋沿岸部分水域，以及哥伦比亚的河流里都有分布。自 1874 年以来，已有 86 个国家和地区移殖驯养。中国从 1959 年起开始养殖。

◆ **形态特征**

虹鳟体形侧扁。虹鳟的头较小。吻圆钝。口较大，斜裂，端位。上下颌骨发达，且上下颌均长有尖利的颌齿。眼中等大小，位于体轴线的上方。鳃膜与颊部不相连。体被细小的圆鳞，侧线鳞135～150，腹鳍前后均有鳞。背鳍基部短，在背鳍之后有一个脂鳍；胸鳍中等，末端稍尖。背部和头顶部呈蓝绿色、黄绿色或棕色，体侧和腹部呈银白色、白色或灰白色；头部、体侧、体背和鳍部分布有不规则的黑色小斑点；性成熟个体沿侧线有一条呈紫红色或桃红色、宽而鲜红的彩虹带，一直延伸到尾鳍基部，在繁殖期尤为艳丽。

◆ **生活习性**

虹鳟喜栖于清澈、水温较低、溶氧较多、流量充沛的水域。虹鳟生活极限温度0～30℃，适宜生活温度为12～18℃，最适生长温度16～18℃。虹鳟对水中溶氧量很敏感，在6.4毫克/升以上时健壮生长，2毫克/升以下时死亡。pH6.5～8。虹鳟对盐度的适应性强，经过盐度分级过渡可在海水中生长，且比在淡水中生长快、少病、饵料系数低。虹鳟肉食性，性凶猛，幼鱼主要以浮游动物、底栖动物、水生昆虫为食；成鱼以鱼类、甲壳类、贝类及陆生和水生昆虫为食，也食水生植物叶子和种子。虹鳟人工养殖可投喂配合饲料。

◆ **生长与繁殖**

虹鳟生长快，寿命一般为11龄，体重可达25千克左右。西南地区人工饲养的1龄鱼平均体重达0.5千克；2龄为2千克，3龄鱼为1～2千克。以2龄体重增长最快。养殖周期为1～2年。通常性成熟雄鱼以

2龄、雌鱼以3龄居多。产卵最适水温为8～12℃。每年产卵一次，怀卵量从1500～3500粒不等。卵为端黄卵，圆形，沉性。成熟亲鱼选择具有沙砾底质、水质澄清、水流较急的河床做产卵场。雌鱼用尾鳍挖掘产卵坑，产卵于坑内，雄鱼保护，防止其他雄鱼侵入，雌鱼排完卵后，雄鱼排放精液。受精卵孵化最适水温为8～10℃。在水温9℃时，孵化期为36～38天。

◆ **养殖概况**

虹鳟肉多、刺少，为高级食用鱼。世界产量为92万吨（2020联合国粮食及农业组织），中国年产接近4万吨（《2022中国渔业统计年鉴》）主要是来自内陆淡水，海水养殖还没有形成统计产量。国际上商品规格有多种，如150～300克、500～750克、2000～4000克。日本等国常制成油炸酱渍鱼块、酱渍酥鱼、盐渍鱼子等。欧、美多制成熏鱼出售。中国的商品鱼规格为0.5千克左右及2.5千克左右，以鲜活、冰鲜为主。此鱼还是欧美国家重要游钓对象。虹鳟适宜开展绿色有机养殖，养殖前景广阔。

鳡

鳡属动物界脊索动物门硬骨鱼纲鲤形目鲤科雅罗亚鱼科鳡属唯一种。俗称黄钻、黄颊鱼、竿鱼、水老虎、大口鳡、鳏。

鳡主要分布在亚洲，如中国、俄罗斯、越南等国家。鳡在中国分布甚广，自北至南的平原地区各水系皆有。

◆ **形态特征**

鳡大鱼体长可达 2 米，体重可达 60 千克以上。体细长，亚圆筒形，形如梭。头锥形，吻尖长，吻尖突如喙，吻长远超过吻宽。口端位，口裂较大，下颌前端正中有一坚硬突起与上颌凹陷处相嵌合。下咽齿扁形，尖端钩状，3 行。眼小。鳃耙稀疏。无须。食道很短，无胃。圆鳞，略呈正方形，鳞小，排列稀疏，侧线鳞 100 以上。背鳍起点在腹鳍之后，胸鳍不达腹鳍，腹鳍不达臀鳍，尾鳍深叉形。体色微黄，腹银白，背部青黑色，体两侧呈淡黄色，背鳍、尾鳍青灰色，其余各鳍黄色。

◆ **生活习性**

鳡属广温性鱼类，生存水温为 1 ～ 38℃。鳡属半洄游性鱼类，在湖泊生长，在江河里繁育，幼鱼从江河游入附属湖泊中摄食、肥育，秋末以后，幼鱼和成鱼又到干流的河床深处越冬。鳡生活在江河、湖泊的中上层，游泳力极强，性凶猛，行动敏捷，常袭击和追捕其他鱼类，一旦受其追击就难有逃脱者，是典型的掠食性鱼类。在自然条件下，仔稚鱼摄食浮游动物，幼鱼和成鱼只摄食活鱼且对摄食鱼类的种类有一定的选择性，由于鳡口腔相对较小，一般只能捕食其本身体长的 1/4 ～ 1/3 的鱼类，因此经常摄食身体细长、体高较小的鱼类。

◆ **生长与繁殖**

鳡生长迅速，在天然水体当年体重可达 0.5 千克以上。摄食方式为吞食。开口饵料为浮游动物幼体和轮虫，仔鱼长到 1.5 ～ 1.7 厘米，如果有适口饵料鱼开始摄食鱼苗。从开口一直长到 7 ～ 8 厘米均可摄食浮游动物，但摄食鱼苗的仔鱼比摄食浮游动物的仔鱼生长迅速，当同时存在浮游动物和适口饵料鱼时，鳡仔鱼明显表现出对适口饵料鱼的选择。捕食鱼苗的种类与饵料鱼可得性有关，一般以体背较低，体形较长的鲴类、逆鱼、鲌类为食。性成熟为 3 ～ 4 龄，雄性比雌性早一年。繁殖习性、繁殖时间、繁殖条件等均与"四大家鱼"相似，因此，在长江捕捞"四大家鱼"鱼苗时，经常伴随有鳡鱼苗，这也是捞起长江鱼苗后要除野的原因之一。长江流域繁殖期为 4 月中旬至 7 月中旬，繁殖水温 17 ～ 30℃，最适繁殖水温 22 ～ 28℃。

◆ **资源概况**

鳡为大型凶猛肉食性鱼类，曾被列为湖泊、水库养殖的"害鱼"而被大量清除。因肉质鲜美，野生资源减少，市场对其需求量不断增加，故人工养殖逐渐兴起。人工繁殖和苗种培育技术问题已经完全解决，这为鳡的人工养殖奠定了良好基础。有些人工养殖的浅水湖泊会进行鳡的人工放流，可以起到控制水体小型杂鱼的作用，还可增加优质鱼产量。

鲮

鲮属动物界脊索动物门硬骨鱼纲鲤形目鲤科野鲮亚科鲮属一种。又称土鲮、鲮公。

鲮主要分布于中国的珠江水系、海南岛、台湾、闽江、澜沧江和元江水体。

◆ **形态特征**

鲮体延长、侧扁，肩部显著隆起。吻圆钝，向下盖住上唇的基部。

眼中等大。口小，下位，上下颌前方具角质化边缘，适于刮取水底附着物。须2对，上颌须较发达，向后伸达口角；下颌须细小或退化。背鳍无硬刺，臀鳍短，向后不伸达尾鳍基部。胸鳍末端尖，腹鳍起点与背鳍第四分枝鳍条相对。尾鳍深叉。鳞片中等大，胸部鳞片较小，侧线平直。体侧鳞片基部有三角形深色斑点。胸鳍上方8～12枚鳞片为蓝色，聚合成菱形斑块。肛门紧靠臀鳍起点前。体银白色，体背色较深，腹部为灰白色。

鲮

◆ 生活习性

鲮喜栖息于水温较高地区，杂食性，鱼苗孵出4天后开始摄食浮游动物。孵出10天后，除了吃浮游动物外，开始摄食浮游植物。鲮常以下颌角质边缘在水底石块等上面刮取着生藻类及高等植物的碎屑和水底腐殖质。人工养殖可摄食人工配合饲料。水温15～30℃时，食欲旺盛，水温高于31℃时，食欲减退。而水温低于14℃时，就聚集在深水区不大活动，低于13℃时，停止摄食，低于7℃开始死亡。鲮为底层鱼类，对溶氧要求不高，当水温在20～28℃时，溶氧量低于1毫克/升，还能正常摄食；窒息点临界溶氧量0.34毫克/升。

◆ 生长与繁殖

鲮生长速度比其他家鱼慢，特别是池塘养殖放养密度大时。性成熟年龄3～4龄，多次产卵。漂流性卵，产卵季节5～6月。体重0.85千克雌鱼的绝对怀卵量20.4万粒；相对怀卵量240粒/克。

◆ 养殖概况

鲮为中国华南地区主要淡水养殖鱼类之一，与草鱼、鲢、鳙合称广东"四大家鱼"。养殖以套养鲮为主，随着鳜、塘鳢等鱼类大规模养殖，鲮仔鱼需求量也越来越大。

◆ 价值

商品鱼适合精深加工，鲮鱼罐头已为中国成功的鱼类加工品种。仔鱼还可作为淡水肉食性鱼类的饵料鱼。

露斯塔野鲮

露斯塔野鲮属动物界脊索动物门硬骨鱼纲鲤形目鲤科野鲮亚科野鲮属一种。又称野鲮、泰国野鲮。露斯塔野鲮原产于南亚恒河流域。

◆ 形态特征

露斯塔野鲮体延长，侧扁，背稍厚。口稍下位，吻钝圆，吻皮覆盖着上唇的基部，有深沟与上唇分开。眼小，上侧位。舌状下颌明显，边缘为发达边锋。下颌须1对，细而短，着生于口角处。尾鳍分叉，最长鳍条长约为最短鳍条的2.5倍。鳃孔大，鳞片中等大，胸腹部鳞片略小，腹鳍有明显腋鳞。体青绿色；体背色较深，有蓝色金属光泽；腹部灰白色；体侧鳞片有半月形的暗红斑，各鳍粉红色。

露斯塔野鲮

◆ 生活习性

露斯塔野鲮属底栖鱼类，喜栖息于水温较高地区，属以植物、有机碎屑为主杂食性鱼类，在人工饲养条件下，可投喂人工精饲料。水温15～30℃时，食欲旺盛；高于31℃时，食欲减退；水温低于14℃时，聚集在深水区不大活动；低于7℃开始死亡。窒息点临界含氧量0.59毫克/升。

◆ 生长与繁殖

露斯塔野鲮生长较鲮快，2～3冬龄性成熟，多次产卵，漂流性卵，产卵季节5～6月。体重0.85千克雌鱼绝对怀卵量20.4万粒，相对怀卵量240粒/克。端黄卵，成熟卵直径0.95～1.10毫米，呈鲜艳橘红色，有光泽和弹性。

◆ 养殖概况

1978年，中国从泰国引进露斯塔野鲮，南方地区推广养殖面积在不断扩大。主养中国"四大家鱼"成鱼池塘内，不降低主养鱼类密度，套养一定数量露斯塔野鲮可增加池塘单位面积产量和经济效益。仔鱼作为淡水肉食性鱼类饵料鱼，也有一定需求量。

鲟

鲟属动物界脊索动物门硬骨鱼纲鲟形目一科。在生物进化史上属原始的鱼类。其卵加工成的鱼子酱是世界上昂贵的奢侈食品之一。

分鲟科和白鲟科（匙吻鲟科）两个科，全球现存27个物种。鲟自然分布于北半球的河流和海域中。俄罗斯自然分布有俄罗斯鲟、西伯利亚鲟等11种鲟鱼；美国分布有高首鲟、湖鲟等9种鲟鱼；伊朗分布有俄罗斯鲟、闪光鲟等5种鲟鱼。中国共分布有8种鲟鱼，主要是施氏鲟、达氏鳇（又称达乌尔鳇）、中华鲟、达氏鲟和白鲟。多数鲟鱼物种处于濒危或极度濒危的状况。中国特有的中华鲟、达氏鲟和白鲟已被列为中国国家一级重点保护野生动物。

◆ **形态特征**

鲟属大型鱼类。身体长形。吻部延长。口腹位。腹部平展。尾为歪型尾。体躯上有5列硬鳞骨板，即1列背骨板、2列侧骨板和2列腹骨板，口前有4根明显的吻须。白鲟科鱼类吻很长，占头长的70%以上，皮肤裸露。鲟鱼没有明显的第二性征。

◆ **生活习性**

鲟属冷水性鱼类，最适生长水温在20～25℃，水温超过28℃时会出现死亡。已有27种鲟鱼都在淡水中产卵繁殖，一些种类终生生活在淡水中，如达氏鲟、西伯利亚鲟、湖鲟、白鲟等，另一些种类可以洄游到河口、咸水水域或海水中摄食生长，以后再洄游到淡水中产卵，如中华鲟、大西洋鲟、闪光鲟、欧洲鳇等。鲟主要摄食底栖生物，包括蠕虫、昆虫幼体、蜗牛、贻贝和小型鱼类等；在人工养殖条件下，也食人工配合饲料。

◆ **生长与繁殖**

鲟生长迅速，第一年一般可生长到2千克以上，成年的个体一般可达1～2米长、10～50千克重，有些种类可以生长到4～5米长、

500 ～ 1000 千克重以上。初次性成熟年龄大多在 10 年以上。一生多次产卵，怀卵量一般为 1 万～ 2 万颗 / 千克。产卵时的水温 6 ～ 25℃；产卵季节一般在春季和早夏季，也有秋季、冬季产卵的。产卵地点一般在流态复杂的河道急流处。

◆ 养殖概况

鲟蛋白质含量高达 20%，脂肪含量只有 3%，口味好，肉厚而无刺。历史上全球天然捕捞产量以俄罗斯鲟、闪光鲟和欧洲鳇最大。随着自然资源的减少，人工养殖悄然兴起，养殖大国主要有俄罗斯、伊朗、一些欧盟成员国、中国和美国，一些原本没有鲟自然分布的国家也有人工养殖，如乌拉圭、以色列、越南等。2011 年，全球养殖总产量 5.15 万吨；2012 年鱼子酱产量约 260 吨。鲟养殖品种包括 17 种鲟鱼及其杂交种。中国主要养殖西伯利亚鲟、施氏鲟与达乌尔鳇及西伯利亚鲟的杂交种、施氏鲟和俄罗斯鲟，占总产量的 90%，其余 10% 是小体鲟、闪光鲟、匙吻鲟等，全国各地除西藏外都有养殖。2015 年鲟鱼养殖总产量 90828 吨，鱼子酱产量 65 吨，其中 90% 的鱼子酱用于出口。无论是商品鱼养殖产量还是鱼子酱生产量，中国现在已成为世界第一鲟鱼养殖大国。

小体鲟

小体鲟属动物界脊索动物门硬骨鱼纲鲟形目鲟科鲟属一种。

◆ 分布

小体鲟广泛分布于欧洲地区，主要分布在里海、黑海、亚速海、波罗的海、白海、巴伦支海等海域相连的河流，如伏尔加河、乌拉尔河、库拉河和鄂毕河等河流的干支流中，少量也栖息在与这些河流相连的湖泊、水库等水体中。中国新疆的额尔齐斯河也曾分布。

◆ **形态特征**

小体鲟体延长，呈圆锥形，外被 5 行骨板，其中背板 1 行、侧板 2 行、腹板 2 行。全长为头长的 4.5 倍，头长为吻长的 2.0 倍。吻端尖。下位口，口裂小，呈花瓣状。口前有 4 条触须，呈一字形排列并与口平行，口能伸出呈管状。背鳍条数为 43 ～ 50；臀鳍条数为 19 ～ 28；尾鳍上叶为下叶的 2.3 倍。背部体色常呈深灰褐色或黑色，腹部多呈黄白色。

◆ **生活习性**

小体鲟偏定栖性，通常不做远距离洄游，仅在繁殖时进行较短距离的生殖迁移。一般在春季汛期来临时开始溯河产卵，汛期的水量越大则溯河洄游的距离越远，参加洄游个体也越多，一般经过 28 ～ 35 天可达产卵场。产后亲鱼渐次降河至港湾、河汊、河道等饵料丰富的水域觅食育肥。小体鲟偏肉食性。自然水域条件下，小体鲟摄食水生昆虫及幼体、小型软体动物、寡毛类、多毛类、蛭类及其他无脊椎动物，其中以摇蚊幼虫等水生昆虫幼体为主；繁殖期小体鲟还喜摄食其他鱼（包括其他鲟鱼）卵。人工养殖时，小体鲟喜食水蚯蚓、摇蚊幼虫等，人工驯化后以颗粒饲料为主。

◆ **生长与繁殖**

小体鲟个体相对较小，生长速度中等，性成熟较早。小体鲟最大个体为 26 龄，体长达 84 厘米，体重达 4.3 千克。在生长速度上，一般认为多瑙河水系分布的小体鲟生长速度较快，其平均体长：1 龄鱼为 26.1

厘米，2 龄鱼为 35 厘米，3 龄鱼为 40.3 厘米，5 龄鱼为 52.9 厘米，9 龄鱼为 66.1 厘米；平均体重：1 龄鱼为 142 克，2 龄鱼为 236 克，3 龄鱼为 370 克，5 龄鱼为 798 克，9 龄鱼为 1806 克。

小体鲟性成熟年龄雌性一般在 8 龄以下，大多数种群为 4 ～ 7 龄；雄性一般在 6 龄以下，大多数为 3 ～ 5 龄。绝对怀卵量依水系及个体不同，差异较大，个体绝对怀卵量最小者仅数千粒，最大者则在 10 万粒左右。多瑙河中游小体鲟怀卵量在 0.7 万～ 10.8 万粒，伏尔加河中游小体鲟怀卵量为 0.42 万～ 7.64 万粒。成熟卵呈灰黑色，卵径 2.01 ～ 2.86 毫米。对其自然繁殖周期尚未探明，有人认为其雌性每年均产卵，也有人认为其 2 年或更长时间才产卵一次。产卵适宜水温为 12 ～ 17℃，水温超过 21℃或低于 9.4℃时，停止产卵。小体鲟繁殖期间基本不摄食。

◆ **养殖概况**

20 世纪 90 年代中后期，中国先后从俄罗斯引进小体鲟受精卵，经人工孵化和培育，形成了一定规模的亲鱼群体，并已实现全人工繁育，每年均可根据市场需求生产一定的苗种数量。网箱、流水池塘、常规池塘、循环水，以及大水面放牧式养殖模式均可进行小体鲟商品鱼养殖。其中，以水库网箱养殖、山区流水池塘或水泥池养殖方式产出最多。一些地方尝试其常规池塘养殖及大水面放牧式养殖，也取得了一定进展。

匙吻鲟

匙吻鲟属动物界脊索动物门硬骨鱼纲鲟形目白鲟科匙吻鲟属一种。又称匙吻白鲟、鸭嘴鲟。

匙吻鲟原产于北美，1988 年引入中国养殖。

◆ 形态特征

匙吻鲟体侧扁，全身无骨板。吻长而扁平，呈匙状，吻长占头长的 70% 以上，无吻须。口较宽，口中无牙。幼体有牙，有吻须两根。吻端圆滑，鳃盖较长，覆盖鳃盖的皮肤延伸超过鳃盖边缘，末端较尖。头和吻的表面布满感觉细胞，以协助探测食物。眼小。尾鳍上叶与下叶有时几乎相等。鳃耙长而薄。

◆ 生活习性

匙吻鲟在河流中喜生活在水流较缓慢、浮游动物相对丰富的区域；在湖泊、水库等水域则喜栖息于水体中上层，对水位、流量、水体浊度、饵料生物的变化较敏感。性情温顺，易捕捞。在鲟类中属于温度适应范围较广的种类，水温 32℃时也能生存，生长适宜水温为 20 ～ 26℃，繁殖适宜水温为 12 ～ 18℃。匙吻鲟为滤食性鱼类，主要滤食浮游动物，嗜食枝角类、桡足类，偶尔也摄食摇蚊等昆虫幼体。摄食方式随发育而变化，鳃耙发育完善前，以吞食为主，摄食枝角类；全长达 12 ～ 13 厘米，鳃耙发育完善后，转为滤食摄食。人工养殖时，经过驯化后可摄食浮性膨化颗粒饲料。

◆ 生长与繁殖

匙吻鲟个体大，生长快。最大个体体长达 2.3 米，体重达 80 千克。寿命 30 年以上。自然状态下，当年可生长至 0.5 千克以上，2 龄鱼体重超过 1.5 千克，3 龄鱼超过 2.5 千克。养殖条件下，1 龄达 0.7 ～ 1.0 千克，2 龄达 2 ～ 3 千克，3 龄可达 6 千克。性成熟较迟，雄鱼性成熟比雌鱼早。

自然状态下，雄鱼初次性成熟年龄多为 5 ～ 9 龄，少部分雄鱼 4 龄时可性成熟；雌鱼初次性成熟为 8 ～ 12 龄，体长 1 ～ 1.2 米，大部分（50%以上）雌鱼的初次性成熟年龄为 10 龄及以上，少部分雌鱼 6 ～ 7 龄时可性成熟。繁殖周期雄鱼为 1 ～ 2 年，雌鱼为 2 ～ 4 年。人工强化培育条件下，初次性成熟年龄和成熟期都可缩短。繁殖季节为 3 ～ 6 月，繁殖适宜水温 12 ～ 18℃，3 ～ 4 月为盛期。主要在沙砾或岩石为底质的河床处产卵，产卵流速在 1 米 / 秒以上。怀卵量随体重增长而增加，相对怀卵量为 1.5 万～ 2.0 万粒 / 千克体重。黏性卵，卵径 3.3 ～ 3.9 毫米。自然状态下，受精卵一般黏附在砾石、岩石上或缝隙中孵化。人工条件下，受精卵脱黏后采用孵化器或孵化槽流水孵化。胚胎发育的适宜水温 16 ～ 18℃。水温 18℃时，胚胎出膜时间约 200 小时；水温 11 ～ 15℃时，胚胎出膜时间为 9 ～ 12 天。出膜仔鱼全长 8 ～ 10 毫米，1 ～ 2 周后进入外源性营养阶段，开始捕食水蚤。

◆ 养殖概况

匙吻鲟是开展人工养殖较早的鲟类。1963 年美国成功人工繁殖匙吻鲟，开始在一些水库、湖泊进行增殖放流。20 世纪 70 年代，苏联和欧洲一些国家陆续引进匙吻鲟开始商业化养殖。1988 年，首次引种至中国，是最早在中国进行商业化养殖的鲟种，已成为中国鲟鱼养殖的主要品种，主要养殖方式有池塘养殖、水库网箱养殖及大水面放牧式养殖。匙吻鲟以浮游动物为食，适当放养可调节水质，具有食物链短、成本低、易捕捞等特点，养殖前景广阔，尤其适于大水面放牧式养殖。

俄罗斯鲟

俄罗斯鲟属动物界脊索动物门硬骨鱼纲辐鳍亚纲鲟形目鲟科鲟属一种。

俄罗斯鲟自然分布于里海、亚速海和黑海地区，涉及俄罗斯、伊朗等众多国家，其捕捞产量曾经位居世界鲟鱼榜首。

◆ 形态特征

俄罗斯鲟头部有喷水孔。吻端锥形，两侧边缘圆形，吻长占头长的70%以下。口呈水平位，开口朝下。吻须圆形，2对。背鳍条数通常少于44。全身被以5列骨板，背骨板与侧骨板间常有星状小骨片。体色变化较大，背部呈灰黑色、浅绿色或墨绿色，腹部呈灰色或浅黄色。幼鱼背部呈蓝色，腹部呈白色。

◆ 生活习性

俄罗斯鲟溯河洄游，一般始于早春，在夏季达到高峰，结束于秋末。在伏尔加河，俄罗斯鲟的产卵洄游始于3月末或4月初，此时水温1～4℃。随着水温和入海水量的增高，产卵洄游活动加剧，6～7月达高峰。当水温降至6～8℃时产卵洄游逐渐减少，至11月基本停止。俄罗斯鲟主食软体动物

江苏南通饲养的俄罗斯鲟

等无脊椎动物，也摄食虾、蟹等甲壳类及鱼类。

不同流域的俄罗斯鲟生长、繁殖特性差异较大。在亚速海生长最快，2 龄鱼体重达 2 千克，10 龄鱼 12 千克，25 龄鱼 70 千克。雌性初次性成熟年龄一般 12 ～ 16 龄，雄性一般 11 ～ 13 龄。产卵时间可分为早春型和冬季型。

◆ 养殖概况

除俄罗斯、伊朗两个鲟鱼养殖大国外，俄罗斯鲟已引种到许多国家人工养殖。中国也有养殖，产量约占全国鲟鱼总产量的 10%。

达氏鳇

达氏鳇属动物界脊索动物门硬骨鱼纲鲟形目鲟科鲟亚科鳇属一种。又称鳇鱼、黑龙江鳇。达氏鳇是地球上仅存的两种鳇鱼之一。

在中国，达氏鳇主要分布于黑龙江及与其较大支流相连的湖泊，尤其以黑龙江中游为最多；其次是分布于乌苏里江和松花江下游等水域，嫩江下游也偶有发现。在俄罗斯境内，达氏鳇主要分布于黑龙江自河口至石勒卡河和额尔古纳河一带。

◆ 形态特征

达氏鳇体延长，呈圆锥形，横切面呈圆形，腹面扁平。口位于头的腹面，较大，似半月形。吻呈三角形，比较尖。口前、吻的腹面有触须 2 对，中间的 1 对向前。左右鳃膜相互连接。鳃耙数为 16 ～ 24。体被 5 列菱形的骨板；背骨板 11 ～ 17 枚；侧骨板为 31 ～ 46 枚；腹部骨板为 8 ～ 13 枚。背鳍条 33 ～ 35；臀鳍条 22 ～ 39。尾为歪尾，上叶长于下叶，向后方延伸。体背部灰绿色或灰褐色，体两侧淡黄色，腹部为白色。

◆ **生活习性**

达氏鳇为底层鱼类，喜欢分散活动，性凶猛，成体多在深水区，很少进入浅水区。幼体在河道浅水区及其附属湖泊、泡沼中育肥、

流水池中养殖的达氏鳇

生长，平时栖息在大江的江岔等水流缓慢、沙砾底质的地方。达氏鳇觅食游动活跃，一年四季觅食，冬季在大江深处越冬。达氏鳇性成熟个体，初春开始向产卵场洄游。夏季幼鳇栖息于鄂霍次克海和鞑靼海峡北部沿海水域，以及自日本海至北海道岛北部的水域。从不游入大海，可分为黑龙江河口的种群、常年生活在该河道的种群及鄂霍次克海与日本海沿岸淡水水域的种群。河口种群，有淡水和半咸水两种生态类型，淡水种群占 75% ～ 89%，在淡水和高度淡化水域中摄食；半咸水种群，在淡水和淡化水域中越冬，于 6 月下旬～ 7 月初便洄游至河口半咸水水域、鞑靼海峡和库页岛西南部半咸水水域中摄食，水体中盐度为 12 ～ 16。秋季河口被咸化时，半咸水种群又迁移至淡水水域与淡水种群一起越冬。在黑龙江中，达氏鳇属定居型河道种群鱼类，多栖息在黑龙江上、中游；而半洄游性种群，在河口中育肥，繁殖季节上溯 500 千米，进入黑龙江河道产卵。

达氏鳇幼体主食底栖无脊椎动物、甲壳类及小鱼、小虾、昆虫幼体等；1 龄之后，转食鱼类；成体几乎完全摄食鱼类，以八目鳗、鲤、鲫、

雅罗鱼、大麻哈鱼等为主。夏季摄食强度较强，冬季摄食强度则较缓。在繁殖期间，达氏鳇摄食量减弱，但仍不停食，这与施氏鲟不同。人工饲养条件下，达氏鳇经过驯化，可摄食人工配合饲料，摄食强度大，生长快。达氏鳇捕食方式与施氏鲟相似，为吞吸食物。

◆ **生长与繁殖**

达氏鳇个体大，生长速度快。最大个体长达 5.6 米，体重达 1000 千克以上。生长相对比欧洲鳇慢。生长在黑龙江河口索饵的达氏鳇个体比生长在黑龙江中游的个体生长快。

达氏鳇寿命长，一般可活 40～50 龄以上。1979 年调查，曾捕到 1 尾达 54 龄的达氏鳇。自然状态下，16～20 龄性成熟。初始性成熟年龄，雄性为 12 龄以上，雌性为 16～17 龄。河口种群，性成熟年龄雄性为 14～21 龄，雌性为 17～23 龄，性成熟间隔为 4～5 年。每年 5～7 月，水温 15～19℃时，在黑龙江下游深水区江段产卵。卵产在水流平稳、水深 2～3 米沙砾底质或石砾底质的江段上。成熟卵为椭圆形或圆形；卵沉性、黏性；呈黑褐色或灰黑色。卵径为 2.3～3.5 毫米，平均 3.4 毫米左右。一般怀卵量为 25 万～400 万粒，平均为 100 万粒。一般雌体怀卵量占体重的 8%～30%，平均为 15%。16～30 龄怀卵量为 18.6 万～203.2 万粒，平均为 81.9 万粒。

◆ **养殖概况**

中国从 2000 年开始对野生达氏鳇幼鱼驯化养殖，成活率一般不超过 10%。因此，达氏鳇养殖群体很小，也限制了其规模化发展。2012～2013 年，中国水产科学院黑龙江水产研究所探索新的培育方式，使其苗种规模培育成活率达 50% 以上；2020～2022 年，在呼兰实验站，培育至 10 厘米时的成活率最高达 60%。中国用于商品鱼目的的达氏鳇养殖比较少，绝大多数都是为生产鱼子酱或育种繁殖而养殖，由于达氏鳇的性成熟时间较长，大部分养殖场形不成养殖梯队，养殖的数量也有限。达氏鳇与施氏鲟一样，在中国鲟鱼养殖产业中具有重要作用，主要用于增殖放流、杂交育种、商品鱼或鱼子酱生产。由于其驯养难度较施氏鲟大，其群体保存量相对较小。

中华倒刺鲃

中华倒刺鲃属动物界脊索动物门硬骨鱼纲鲤形目鲤科鲃亚科倒刺鲃属一种。俗称青波、青背、乌鳞等。

中华倒刺鲃分布于长江上游的干、支流，中游少见。

◆ 形态特征

中华倒刺鲃体长形侧扁，头后背隆起呈弧形，腹圆。体长为体高的 2.8～3.3 倍，为头长的 4.0～4.9 倍。头锥形。吻钝，稍突出。口亚下位，马蹄形，口裂向后伸达鼻孔后缘下方。须 2 对，吻须短，颌须长。眼侧上位，中等大小。鳃耙稀疏。下咽齿 3 行，稍侧扁，尖端弯曲。背鳍起点在腹鳍起点的前上方，具带锯齿的硬刺，背鳍起点处向前有一平卧尖锐倒刺，隐埋于皮内。胸鳍末端尖，不达腹鳍基部。腹鳍末端不达肛门。臀鳍末端可达尾鳍基部。尾鳍深叉形。鳞片大，侧线完整，侧线鳞 29～34。体背青黑色，腹部灰白，体侧泛银色。各鳍灰黑色。鳞片多有黑色边缘，幼鱼近尾鳍基部有一黑斑，成鱼不明显。

◆ **生活习性**

中华倒刺鲃性活泼，喜集群，栖息于溶氧丰富、底质多石的流水中，冬季在河流深坑岩穴中越冬，春季进入支流或上游。中华倒刺鲃为广温性底层鱼类，0～36℃水体均可生存，摄食水温6～32℃。杂食性，食物组成随栖息环境不同而变化，主食水生高等植物碎片、藻类、水生昆虫和淡水壳菜等。中华倒刺鲃全年摄食，其中3、4月份和9月份摄食强度最大。人工养殖条件下，中华倒刺鲃除摄食水体中天然饵料，也喜食青叶蔬菜、浮萍、黑麦草、麸皮、花生麸及人工配合饲料。中华倒刺鲃性成熟雌鱼4～6月在水流湍急的江河底产卵，漂浮性卵，受精卵随水漂浮孵化。

◆ **生长与繁殖**

中华倒刺鲃生长较快，个体大，最大个体可达25千克。4龄以前生长较快，4龄后生长减缓。最适生长水温22～28℃，人工养殖条件下，当年孵出的鱼苗可长到150～250克，第二年可养成500～800克。自然条件下，性成熟年龄雄鱼3～4龄，雌鱼4～5龄。水温19～32℃适合产卵。雌鱼相对怀卵量10～20粒/克，卵弱黏性，水流冲击下很快失去黏性。卵直径1.1～1.3毫米，吸水后达1.8～2.0毫米。繁殖最适水温为24～28℃，水温24～26℃时，受精卵经47～52小时孵化幼苗出膜。

◆ **养殖概况**

中华倒刺鲃是中国特有重要经济鱼类，尤其在长江上游自然产区深受消费者喜爱，适合大部分淡水水体养殖。20世纪90年代初人工驯养与繁殖获得初步成功，已形成人工繁殖和养殖完整技术体系。养殖技术推广易行、饲料成本低、效益高。中国四川、重庆、湖北、广东、广西、福建等地有一定规模养殖，产量、产值逐年增加。

哲罗鲑

哲罗鲑属动物界脊索动物门硬骨鱼纲鲑形目鲑科哲罗鱼属一种，又称哲罗鱼。起源于北方山区区系类群，属中国珍稀冷水性鱼类。濒危水生野生动物之一。

哲罗鲑主要分布于欧亚大陆北纬42°以北（中国东北、内蒙古、新疆，以及蒙古国、俄罗斯、哈萨克斯坦、芬兰等）。在中国，哲罗鲑分布于黑龙江上游、嫩江上游、牡丹江、乌苏里江、松花江、镜泊湖和额尔齐斯河。

◆ 形态特征

哲罗鲑体长形，稍侧扁。头部略扁平。口端位，口裂大。上颌骨明显，其末端延伸达眼后缘。上下颌骨、犁骨、腭骨、舌骨均具向内倾斜的细齿。鳃弓外侧鳃耙粗壮。体被细鳞，排列清晰，无辐射沟，正尾型。尾鳍分叉较浅。体侧和鳃盖上有分散排列的黑色小斑点，体背部为苍青色，腹部为银色；生殖期雌、雄鱼体出现婚姻色，雄鱼色彩明显，背部为棕褐色，尾鳍下叶呈橙红色。

◆ 生活习性

哲罗鲑栖息在常年水温20℃以下、水流湍急、溶氧量较高、底质为粗沙或石砾、水质清澈、无污染、两岸植被繁茂等生态环境的河流上游或支流。驯化的哲罗鲑可食人工配合饲料。哲罗鲑有明显的季节性短距离洄游习性，即春季生殖洄游和秋冬越冬洄游。多在春季5月中旬至6月中旬产卵。日本的远东哲罗鲑是从日本海溯河的，多在夏季产卵。怀卵量1万~3.4万粒，卵径较小。孵化期30~35天。

◆ 生长与繁殖

哲罗鲑生长快。西南地区1龄鱼平均体重达0.5千克；2龄为2.5千克。以2龄体重增长最快。养殖周期为1~5年。哲罗鲑性成熟需5龄，体长达40~50厘米。生殖期于5月中旬开始，水温在5~10℃左右，亲鱼集群于水流湍急、底质为沙砾的小河川里产卵，亲鱼的产卵方式与大麻哈鱼相同。亲鱼有挖巢和护巢的习性。产卵后大量死亡，尤以雄鱼为更多。

◆ 养殖概况

哲罗鲑肉质鲜嫩，刺少和易加工。因分布区域日趋缩小，种群数量急剧减少，属濒危水生野生动物之一。中国水产科学研究院黑龙江水产研究所1997年采捕野生哲罗鲑幼鱼，在池塘环境中人工驯养，2001年驯养性成熟，人工繁殖成功。2003年以来，成功进行人工繁殖和推广养殖。在生态价值与经济价值上，哲罗鲑均属于有养殖发展潜力的物种。

鳙

鳙属动物界脊索动物门硬骨鱼纲鲤形目鲤科鳙属的唯一种。又称花鲢、麻鲢、胖头鱼、大头鱼等。鳙是中国最主要的淡水养殖鱼类之一，与鲢、青鱼、草鱼合称中国"四大家鱼"。

鳙自然分布于中国各大江河、湖泊。20 世纪 60 年代，由中国引入苏联和一些欧美国家，成为这些国家的重要养殖对象。

◆ **形态特征**

鳙体侧扁，外形似鲢，但腹鳞仅起自腹鳍基部至肛门。头极大，头长约为体长的 1/3。吻短而圆钝。口大，端位，下颌稍向上倾斜。无须。眼小，位于头前侧中轴的下方，眼间宽阔而隆起，鼻孔近眼缘的上方。背鳍基部短，起点在体后半部，位于腹鳍起点之后，其第 1～3 根分枝鳍条较长。胸鳍长，末端远超过腹鳍基部。腹鳍末端可达或稍超过肛门，但不达臀鳍。肛门位于臀鳍前方。臀鳍起点距腹鳍基较尾鳍基为近。尾鳍甚分叉，两叶约等大，末端尖。鳞细小，侧线鳞 95～115。侧线完全，在胸鳍末端上方弯向腹侧，向后延伸至尾柄正中。体色稍黑、背部稍带金黄色，腹部银白色，体侧有不规则的黑色斑纹。胸鳍末端超过腹鳍基部 30%～40%，各鳍

鳙

灰褐色，上具许多黑色小斑点。鳔大，分两室，后室大，为前室的 1.8 倍左右。肠长为体长 5 倍左右。

◆ **生活习性**

鳙栖息于水的中上层，喜在营养丰富、浮游生物多的水体中生活。鳙性温驯，行动迟缓，受惊也不逃窜，网捕时不跳跃，易捕捞。鱼苗主要食浮游动物中的轮虫、枝角类等，中间有一食性转化时期。鱼种与成鱼以食各类浮游动物为主，也摄食部分大型浮游植物。肠内动、植物食物比约为 1.0 ：4.5。此外，鳙还摄食有机碎屑、细菌和溶解有机物絮凝的食物团及人工投喂的豆饼、糠、麸等商品饵料和人工配合饲料。鳙摄食强度随季节不同变化很大，摄食的种类也与生活环境中的食料基础相关。

◆ **生长与繁殖**

鳙生长较鲢稍快，个体最大可重达 49 千克。长江中的 1 龄鳙体重约 0.3 千克，2 龄约为 2.6 千克，3 龄约为 10.1 千克，5 龄约为 13.5 千克，7 龄约为 20.0 千克。以 3 龄体重增长最快。商品规格 1.5 ～ 3.0 千克，养殖周期约为 2 年。长江流域的雌鳙一般 5 龄性成熟，体重 10 千克以上，珠江流域雌鳙为 4 龄性成熟，黑龙江流域为 6 龄。通常雄鱼比雌鱼早 1 年性成熟。和青鱼、草鱼、鲢一样，鳙在江河流水中繁殖，繁殖期一般在 5 ～ 7 月，比白鲢产卵略晚。产卵场广泛分布于长江以及湘江、赣江、汉江等支流。体重 14 ～ 30 千克的鳙亲鱼怀卵量为 100 万～ 350 万粒。卵漂流性。卵膜薄而透明，无黏性。卵黄淡青而稍带黄色。卵径 1.5 ～ 2.0 毫米，卵黄径 1.6 毫米。受精卵吸水膨胀后可增大到 5.0 ～ 6.5

毫米，这是因为卵黄周隙扩大所致，卵黄本身的体积变化甚微。受精卵在水温 19.4～21.2℃时约经 40 小时孵出。初孵仔鱼长 7～8 毫米。刚出膜的鱼苗无色透明，躯干部肌节 24～25 对。孵出后约 5 天，鳔 1 室，身体上的黑色素花比鲢苗少，尾鳍褶下叶有一丛弧状黑色素，肛门前腹鳍褶上的黑色素花较鲢苗为少，这也是鳙与鲢苗的区别之一。鳙的生殖习性和孵化情况与鲢相似。

◆ 养殖概况

20 世纪 60 年代，鳙由中国引入苏联和一些欧美国家，成为这些国家的重要养殖对象。据联合国粮食及农业组织（FAO）统计，2014 年全球鳙养殖产量 325.3 万吨。据中国农业部渔业渔政管理局统计，2015 年中国鳙的养殖产量达 335.94 万吨，居淡水养殖鱼类第 3 位。随着人工配合饲料的研制成功，鳙养殖规模逐年增加。

◆ 价值

鳙鱼头肥大，其软腭组织和唇部松软肥厚，为一佳肴。鳙和鲢一样也是典型的生态鱼类，有助于水环境改良，具有食物链短、成本低和市场价格好等特点。

美洲鲥

美洲鲥属动物界脊索动物门硬骨鱼纲鲱形目鲱科西鲥亚科西鲱属一种。又称白鲱、美国鲥鱼、美洲西鲱等。

美洲鲥自然分布于北美洲大西洋西岸从加拿大魁北克省到美国佛罗

里达州的河流和海洋中，2001 年引进中国。

◆ **形态特征**

美洲鲥体纺锤形，侧扁，背部灰黑色，略显蓝绿色金属光泽，体侧下半部和腹部呈银白色。体前近背部有 1 列 1 ～ 9 个小黑斑，腹部有棱鳞。头呈三角形，头长为全长的 22% ～ 24%，尾柄长是尾柄高的 1.71 倍。鳃间隔游离于颊部，鳃耙细长，下鳃耙数 59 ～ 73。眼中等大小，侧前位，脂眼睑发达。眼径占头长的 27% ～ 32%，眼间距为头长的 19% ～ 22%。口端位略偏上口位，上、下颌等长或下颌略有突出，下颌的边缘向内凹入呈尖角状，可嵌合在上颌的凹槽中。下颌骨稍下凹，延伸到眼的后边缘。犁骨无齿。牙齿微小且数量很少，幼鱼仅有咽齿和上下颌齿，上下颌齿在成鱼阶段脱落。背鳍鳍条 15 ～ 19，背鳍基部占全长的 11% ～ 13%。尾鳍深叉型。臀鳍鳍条 18 ～ 24，臀鳍基部占全长的 13% ～ 14%。椎骨 51 ～ 60 枚。鳞片较大。侧线不发达，侧线鳞 50 ～ 55 片。

美洲鲥

◆ **生活习性**

美洲鲥属广温性和溯河产卵洄游性鱼类，可在 2 ～ 32℃水体生存，生长适宜水温 20 ～ 28℃。美洲鲥对环境变化及外界刺激有强烈应激反应，离水或操作易死，操作时用麻醉剂可减缓应激反应。成熟亲鱼每年春季溯河洄游到通海的淡水或咸淡水河流中产卵繁殖，生殖洄游始于 2 月，到 6 月初结束，以 4 月最多。最适产卵水温为 15 ～ 20℃，黄昏或夜间，在较开阔的水域，底质为泥沙、沙、泥、沙砾和大石头的水层上产卵，产卵水层深度 0.45 ～ 7.0 米。美洲鲥为滤食性鱼类，在自然水域主要以浮游生物为食。幼苗孵出后，以桡足动物、昆虫幼体、摇蚊幼虫及其蛹、水蚤等为食。幼鱼在其出生的河流中度过第一个夏天后，秋季开始作降河洄游入海生活，并沿海岸线迁移到适宜的地方过冬。入海后主要摄食浮游生物、小甲壳类和小鱼等。人工养殖条件下，可驯化美洲鲥摄食浮性配合饲料。

◆ 生长与繁殖

美洲鲥性成熟之前每年增长约 100 毫米，性成熟以后生长变得缓慢。体长最大者可达 760 毫米，体重可达 6.8 千克，年龄可达 11 龄。雄性最小性成熟年龄为 2 龄，多数 3 ～ 5 龄成熟；雌性最小性成熟年龄为 4 龄，多数 4 ～ 6 龄成熟。雌鱼性成熟时体长为 400 ～ 600 毫米，绝对怀卵量 15.5 万 ～ 41.0 万粒。美洲鲥卵呈圆形，沉性卵，微黏性，卵直径 2.5 ～ 3.8 毫米，卵内有小颗粒状卵黄，浅黄色，无脂肪球，卵膜薄、透明、光滑。大部分雌鱼个体一生仅产卵一次，少部分个体可以产卵两次以上。水温 11 ～ 15℃时卵孵化需要 8 ～ 12 天；17℃时需要孵化 6 ～ 8 天；14 ～ 23℃时孵化只需要 3 天。水温为 15.5 ～ 20.6℃时孵化幼苗成活率最高，水温低于 7 ～ 9℃导致卵和幼苗死亡，水温超过 23.4℃时会导致幼苗畸形或死亡。孵化溶氧要求大于 5 毫克 / 升。幼鱼配合饲料粗蛋白需求量 42.5%。受精卵可用孵化器、孵化桶、孵化框等流水孵化。水温 20 ～ 22℃条件下，受精卵经过 70 ～ 82 小时孵化出膜。仔鱼和幼鱼分别在溶氧低于 2.5 毫克 / 升和溶氧低于 3.2 毫克 / 升时会缺氧致死。仔鱼开口饵料以活体丰年虫、卤虫、轮虫及其他小型浮游动物等为宜。在活体生物饵料缺乏情况下，也可直接投喂微囊开口饲料。人工养殖条件下，美洲鲥生长速度较快。

◆ 养殖概况

美洲鲥是北美著名的经济鱼类，美国等国家已突破在人工繁殖和苗种培育等方面的技术，成果主要用于增殖放流，极少开展生产性养殖。中国 2001 年引进美洲鲥受精卵开展孵化育苗和养殖试验，已掌握了人工繁育和养殖技术，并在广东、江苏、浙江、湖北、安徽、上海等地推广应用。

暗纹东方鲀

暗纹东方鲀属动物界脊索动物门硬骨鱼纲鲀形目鲀科东方鲀属一种。俗称河豚、河鲀、巴鱼和浜鱼（幼鱼）等。

◆ 分布

暗纹东方鲀仅分布于中国和朝鲜半岛西部沿岸。中国周边的渤海、黄海、东海及通海江河的中、下游与附属水体皆有分布。

◆ 形态特征

暗纹东方鲀体长为体高的 3.5 ～ 3.7 倍。体呈圆筒形，头胸部较粗圆，躯干后部渐细狭，尾柄圆锥状，后部渐侧扁。头中大，钝圆。眼中大，上侧位。口小，前位。侧线发达，分支多条。背鳍呈镰刀形，臀鳍与背鳍几同形，无腹鳍，胸鳍宽、短，近似方形，尾鳍宽大，后缘稍圆形。背鳍15～16，臀鳍14～16，胸鳍17～18，尾鳍1+8+2。体棕褐色，体侧下方黄色，腹面白色。背侧面具不明显暗褐色横纹4～6条，横纹之间具白色狭纹3～5条。胸鳍后上方体侧处具一圆形黑色大斑，边缘白色。背鳍基部具一白边黑色大斑。背鳍、胸鳍、臀鳍黄棕色，尾鳍后端灰褐色。

暗纹东方鲀

◆ **生活习性**

春末、夏初，暗纹东方鲀亲鱼结群由海洋洄游进入江、河产卵。在长江，早期洄游群体规模大，个体一般偏小；中期群体规模有所下降，个体一般较大；晚期群体规模小，大、小差异较大。体长一般180～280毫米，大者达325毫米。体长增长，1龄最快，以后逐龄递减。暗纹东方鲀体重增长，当年鱼最小，2龄至3龄递增，4龄起生长缓慢。暗纹东方鲀为杂食、偏肉食性鱼类，仔、稚鱼主要摄食原生动物、轮虫、枝角类、桡足类等浮游动物和鱼类的仔鱼；体长55毫米以上的幼鱼摄食螺、蚬、蟹、虾、小杂鱼和水生昆虫。性成熟年龄，雌性为3～4龄，雄性为2～3龄。产卵盛期为5月，属一次性产卵类型。2～3龄雌鱼的个体怀卵量为14万～30万粒。成熟卵沉性，淡黄色，卵径为1.2～1.3毫米。暗纹东方鲀受精卵遇水后产生黏性结成团块，黏附在其他物体上进行孵化。

◆ **资源利用**

暗纹东方鲀为经济鱼类，曾是长江的主要渔业对象之一，是食用佳品，也可作药用。成鱼的卵巢和肝脏产生河鲀毒素。暗纹东方鲀苗种繁育技术已突破，暗纹东方鲀养殖已从江苏和上海扩展到了浙江、安徽、福建、广东、湖北、四川和河南等省。

黄　鳝

黄鳝属动物界脊索动物门硬骨鱼纲合鳃目合鳃科黄鳝属一种。俗称鳝、鳝鱼、田鳝。

黄鳝分布于朝鲜南部、琉球群岛、泰国、马来西亚、印度尼西亚和菲律宾等地；在中国，除西北和西南部分地区外都有分布，尤以长江流域各干、支流及湖泊、水库、池沼、沟渠和稻田中常见。

◆ 形态特征

黄鳝体细长，圆柱状，蛇形。口大，端位，口裂深。眼小，侧上位。鼻孔2对，前后分离。鳃孔合二为一，开口于腹面，鳃裂呈V字形。无胸、腹鳍。背、臀鳍退化成皮褶。体表光滑，无鳞片。侧线孔不明显。尾部尖细。体侧上部灰黑色，侧线以下黄色；背侧有5纵列小黑点，或全身散布黑点。腹部有许多不规则花斑。

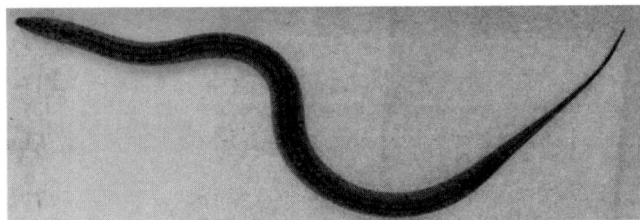

黄鳝

◆ **生活习性**

黄鳝营底栖生活，可用口腔和皮肤直接呼吸空气，对恶劣环境适应能力强。黄鳝常栖于稻田、池塘、河沟、湖汊、水库的石缝中。黄鳝有昼伏夜出觅食习性。冬季水温下降到10℃左右，即潜入底泥中越冬。春季水温回升到13℃以上，开始出洞觅食。黄鳝属肉食性鱼类，在自然条件下捕食蚯蚓、小杂鱼、小虾、蝌蚪、幼蛙、水、陆生昆虫，也食枝角类、桡足类等大型浮游动物；兼食有机碎屑和浮游植物；人工饲养条件下，可投喂人工配合饲料、鱼肉浆、切碎的小鱼块、蚌肉，轧碎的螺、蚬、蚕蛹和屠宰场的下脚料，以及少量饼、粕类等植物性蛋白饲料。饲料不足时有相互残食的习性。黄鳝视力较差，但嗅觉和触角发达，夜间觅食。

黄鳝最大个体全长可达130厘米，体重达1.9千克左右。人工养殖条件下生长较快。黄鳝从幼鳝起直到初次性成熟，全为雌性。在自然环境条件中，满1龄后，体长达25～35厘米时，初次性成熟，性腺不对称，左侧退化，右侧发达为卵巢。体长45厘米后，约半数转为雄性，也有部分个体雌、雄性特征同时并存。体长60厘米以上，几乎全为雄性个体。雌性个体怀卵量200～1200粒。全长35厘米以下200～400粒，35厘米以上400～1200粒。卵金黄色，卵直径5～15毫米，无黏性。产卵季节5～8月，分批产出。人工养殖条件下，同龄黄鳝体长和怀卵量均有增加。产卵时，亲鳝在洞口吐出泡沫，依浮力将受精卵托浮到水面孵化。水温30℃左右时，约150小时孵出，10天后卵黄囊消失。雌、雄鳝均有护卵习性。

◆ 养殖概况

黄鳝肉质细嫩，营养价值高，还具较高药用价值，能补虚劳，强筋骨，祛风湿。黄鳝在国际市场需求旺盛。中国为世界黄鳝主要养殖国，其中湖北为主养大省，约占产量的一半。黄鳝养殖模式主要为池塘中架设数十至百余个小网箱养殖，投喂配合饲料或混合料。黄鳝人工繁殖及人工仿生态繁殖技术的突破，为苗种规模化繁育及规模化养殖提供了技术基础。

日本鳗鲡

日本鳗鲡属动物界脊索动物门硬骨鱼纲鳗鲡目鳗鲡科鳗鲡属一种。俗称白鳝、青鳝、鳗鱼、白鳗。日本鳗鲡属降河性洄游鱼类。

日本鳗鲡广泛分布于亚洲大陆、马来半岛、朝鲜、日本及菲律宾群岛等地的淡水溪流中。日本鳗鲡在中国主要分布在黄河、长江、闽江、韩江及珠江等流域，海南岛、台湾地区和东北地区也有分布。

◆ 形态特征

日本鳗鲡体鳗形，前部近圆筒状，后部侧扁。吻短钝而平扁。前鼻孔近于吻端，短管状；后鼻孔位于眼前方，不呈管状。眼位于头前部，中等大小，眼间隔约等于眼径。两颌骨均具细齿。鳃孔狭窄。体无鳞，鳞片退化埋于皮下，如有时为细小圆鳞。侧线完全。体上多黏液。鳍无硬刺或棘；一般无腹鳍；背鳍及臀鳍均长，一般在后部相连续。体上部呈黑绿色，腹部呈灰白色。脊椎骨数多，可多达 260 个。

鳗鲡仔鱼身体高、薄又透明像片叶子，故称柳叶鱼。因体液几乎和海水一样，可以很省力地随着洋流长距离从产卵场漂回黑潮海流再流回大陆淡水，其间需半年之久，在抵达岸边前一个月开始变态为身体细长透明的鳗线，又称为玻璃鱼。每年12月至来年1月间，有渔民在河口附近海岸用手叉网捕捞溯河的鳗线卖给养殖户。养殖户在买回去放养后鳗线会慢慢有色泽出现，变成黄色的幼鳗和银色的成鳗。自然条件下，可捕到的鳗鲡最大个体体长可达45厘米，体重达1.6千克。

◆ **生活习性**

日本鳗鲡原产于海中，溯河到淡水内长大，后洄游到海中产卵。每年春季，大批幼鳗（又称白仔、鳗线）成群自大海进入江河口。雄鳗通常在江河口成长，而雌鳗则逆水上溯进入江河的干、支流和与江河相通的湖泊，有的甚至跋涉几千千米到达江河的上游各水系。它们在江河湖泊中生长、发育，往往昼伏夜出，喜欢流水、弱光、穴居，具有很强的溯水能力，其潜逃能力也很强。到达性成熟年龄的日本鳗鲡个体，在秋季又大批降河，游至江河口与雄鳗会合后，继续游至海洋中进行繁殖。鳗鲡能用皮肤呼吸，有时离开水，只要皮肤保持潮湿，就不会死亡。日本鳗鲡常在夜间捕食，食物中有小鱼、蟹、虾、甲壳动物和水生昆虫，也食动物腐败尸体，更有部分个体的食物中发现有高等植物碎屑。在人工养殖条件下，日本鳗鲡能摄食人工配合饲料。

◆ **生长与繁殖**

鳗鲡在陆地的河川中生长，成熟后洄游到海洋中产卵地产卵，一生只产一次卵，产卵后就死亡。这种生活模式，与鲑鱼的溯河洄游性相反，称为降河洄游性。其生活史分为 6 个不同的发育阶段，为适应不同环境，不同阶段都有很大的改变。

卵期（egg-stage）：位于深海产卵地。

柳叶鳗（leptocephalus）：在大洋随洋流长距离漂游。

玻璃鳗（glass eel）：在接近沿岸水域时，身体转变成流线型，减少阻力，以脱离强劲洋流。

鳗线（elvers）：进入河口水域时，开始出现黑色素，也是养殖业捕捉的鳗苗。

黄鳗（yellow eel）：在河川的成长期间，鱼腹部呈现黄色。

银鳗（silver eel）：在成熟时，鱼身转变成类似深海鱼的银白色，同时眼睛变大，胸鳍加宽，以适应洄游至深海产卵。

鳗鲡的性别是后天环境决定的。族群数量少时，雌鱼的比例会增加；族群数量多时，则雌鱼比例减少，整体比例有利于族群的增加。

◆ **养殖概况**

中国是世界上最大的鳗鲡养殖国。2015 年养殖产量达 23.26 万吨，居世界第 1 位。鳗鲡产品出口占全国水产品出口总额的 9.63%。鳗鲡养殖总产值为 80 亿～ 100 亿元人民币。

泥　鳅

泥鳅属动物界脊索动物门硬骨鱼纲鲤形目鳅科花鳅亚科泥鳅属一种小型淡水鱼类。

泥鳅分布于日本、朝鲜半岛和东南亚诸国；中国除青藏高原外，各地均有分布。

◆ **形态特征**

泥鳅身体前部圆筒形，后部侧扁。头部较尖，吻部向前突出，倾斜角度大，吻长小于眼后头长。口小，亚下位，呈马蹄形。无眼下刺。须5对。体表有细小的圆鳞。侧线完全。背鳍无硬刺。胸鳍距腹鳍较远；腹鳍短小，起点位于背鳍基部中后方，腹鳍不达臀鳍；背鳍与腹鳍相对，起点在腹鳍之前，约在前鳃盖骨的后缘和尾鳍基部的中点；尾鳍呈圆形。体背部及两侧深灰色，腹部灰白色或浅黄色，其体色可随栖息环境而变化。

◆ **生活习性**

泥鳅属底层温水性鱼类，喜栖息于静水或缓流水下有机质丰富的软泥表层、中性略偏酸的环境中。泥鳅有特殊的呼吸功能，除用鳃与皮肤呼吸外，还可以进行肠呼吸。生长适温为15～30℃，最适水温为23～26℃。水温下降到15℃以下或上升到30℃以上，食欲减退，生长缓慢。泥鳅食性随鱼苗期至成鱼的发育而变化。幼体阶段，体长3厘米以下时，主要摄食轮虫、枝角类、桡足类等动物性饵料；体长在5厘米以上时，由于食量增大及受天然饵料的限制，由摄食动物性饵料转变为杂食性饵料，主要摄食甲壳类、摇蚊幼虫、丝蚯蚓、蚬子、幼螺、水生昆虫等底栖无脊椎动物，同时摄食丝状藻、硅藻、植物的碎片及腐殖质等。

◆ **生长与繁殖**

在自然状态下，当年泥鳅生长最快，从第 2 年起生长速度趋缓。一年可达性成熟，为多次产卵鱼类。4 月上旬当水温达 18℃时，便开始产卵，一直持续到 9 月，其中以 5 ～ 7 月为**繁殖盛期**。在自然环境中，多于清晨在池塘、稻田、沟渠等水体浅水处有微流水或静水的环境中产卵。在繁殖季节，雌雄之间有明显的性别特征。怀卵量与个体大小有关，一般体长 10 厘米个体的怀卵量为 0.7 万～ 1 万粒；体长 12 ～ 15 厘米的个体怀卵量 1.2 万～ 1.8 万粒，体长 20 厘米的雌性个体怀卵量可达 2.4 万粒左右。半黏性卵，呈圆形，卵径 1.2 ～ 1.5 毫米，黄色，排出后常黏附在水草或其他物体上。受精卵在 20 ～ 28℃的水温中都能孵化，最适水温为 25 ～ 28℃，受精卵经 2 ～ 3 天即可孵化成鳅苗。

◆ **养殖概况**

泥鳅在中国、日本、韩国等市场需求量大，养殖前景广阔。根据 2022 年的《中国渔业统计年鉴》统计，2021 年中国鳅养殖产量达 36.7 万吨。养殖方式也从以前池塘养殖、稻田养殖、网箱养殖等多种形式散养，发展到以池塘高密度规模化养殖为主。

第 2 章

两栖类

棘胸蛙

棘胸蛙属动物界脊索动物门两栖纲无尾目蛙科棘蛙属一种。又称石
鸡、棘蛙、山鸡、棱、石蛙、石蛤、石坑、谷冻等。

棘胸蛙分布于越南，以及中国东部和南部各省区。

◆ 形态特征

棘胸蛙体形肥硕，雄大雌小。头扁而宽。吻端圆，吻棱不显。瞳孔
菱形。鼻孔位于吻与眼之间，眼间距小于鼻间距。两眼后端有横置的肤
沟，颞褶显著；前后肢粗壮，雄蛙尤甚；趾间全蹼或近满蹼，趾端圆。
雄蛙前肢极粗壮，胸部有刺疣，内侧 3 指背面有锥状黑刺。背部深棕色，
两眼间有深褐色横纹，上下唇边缘有黑纵纹，体背面多有不规则黑褐斑
纹，咽喉部和后肢腹面肉色有灰褐色云斑。全身灰黑色，皮肤较粗糙，
背部有许多疣状物，成行排列但不规则。雄蛙背部有成行的长疣和小型
圆疣，疣上还有分散的小黑棘，以体侧最明显；胸部满布分散的大刺疣，
刺疣中央有角质黑刺。雌蛙胸部无刺，背部散布小型圆疣，腹部光滑有
黑点。

◆ **生活习性**

棘胸蛙常栖息于海拔 600 ～ 1500 米深林山涧和溪沟的源流处，尤喜栖居在悬岩底的清水潭及有瀑水倾泻而下的小水潭，或有水流动、清晰见底的山间溪流中。棘胸蛙白天多隐伏于石缝或石块下；夜晚常蹲在溪边岩石上或石块间，一般见光后无逃逸现象。5 ～ 9 月甚为活跃，可听见鸣叫声，其鸣声洪亮，百米左右也能听见。一般全年以 4 ～ 11 月为活动季节，12 月至来年 3 月为冬眠期。棘胸蛙食性广，食量大。棘胸蛙以活的鞘翅目、直翅目及其他昆虫为食，也食蚯蚓、螺、蚌、小鱼、小蛙等。由此，棘胸蛙为部分林、农业害虫的天敌。

◆ **生长与繁殖**

雄蛙体长 123 毫米，雌蛙 130 毫米左右。一般体重 200 克左右，最大雄蛙可达 600 克以上，雌蛙可达 400 克以上。棘胸蛙 2 龄性成熟。繁殖季节为每年 4 ～ 9 月，其中 5 ～ 7 月为繁殖盛期。为 1 年多次产卵类型，群体产卵一年分 3 批。其产卵量因个体大小、水温及性腺发育状况而有差异。每次产卵 122 ～ 236 粒，1 只雌蛙年产卵 1000 ～ 1500 粒。雌雄多在晚上抱对交配，精、卵同时产出，体外受精。卵群产在流溪内石下或附黏在水内的枯枝或水草上，卵群由 7 ～ 12 个卵组成呈葡萄状或由数串卵群组成。一般情况下，水温在 20 ～ 30℃，受精卵历经 20 天后孵化出蝌蚪。蝌蚪全长 60 毫米左右，两口角和下唇有乳突，下唇乳突 2 排；头体背面黑灰色或褐灰色，尾肌背侧有 3 ～ 5 个深色斑，尾鳍有麻斑；尾末端钝尖；蝌蚪在流溪中生活半年或一年可变态成幼蛙。

◆ **养殖概况**

棘胸蛙养殖包括仿生态和规模化工厂全人工养殖。棘胸蛙体大、肉多而细、味美，具有高蛋白和低脂肪，是南方宴席上的上等佳肴。其肉还可入药，对治疗疳积、病后虚弱、心烦口渴等有一定辅助疗效。

中国大鲵

中国大鲵属动物界脊索动物门两栖纲有尾目隐鳃鲵科大鲵属一种。因其鸣叫似婴儿故俗称娃娃鱼。中国大鲵属中国二级保护动物，是珍贵的观赏动物，也是研究动物系统发育的好材料。

中国大鲵分布于中国河南、山西、陕西、甘肃、青海、四川、云南、贵州、湖北、湖南、安徽、江苏、浙江、江西、福建、广东、广西等省、自治区。

◆ **形态特征**

中国大鲵头体扁平，头长略大于头宽。吻短圆，外鼻孔接近吻端，较小。眼小且无眼睑，位于背侧，眼间距大，眼眶周围有排列整齐的疣粒。口裂大，上唇唇褶在口后部可见。犁骨齿列甚长，位于犁腭骨前缘，左右相连，相连处微凹，与上颌齿平行排列呈一弧形。舌大且与口腔底部粘连。体表光滑无鳞。头部背腹面有小疣粒，成对排列。躯干粗扁，无明显的颈褶。体侧有宽厚的纵行褶皱和若干圆形疣粒。四肢粗短，后肢略长，指、趾扁平，指4，趾5；肢体后缘有肤褶，与外体侧指、趾相连；蹼不发达，仅趾间有微蹼。尾基部略呈柱状向后渐侧扁，尾背鳍褶高而厚，尾末端钝圆。体色变异大，多为棕褐色或浅黑褐色等，多有黑褐色斑块，少数无斑；体腹面灰棕色。幼体有 3 对羽状外鳃，8 ～ 12 月龄外鳃开始退化消失，变态为成体形态。

◆ 生活习性

中国大鲵多生活在海拔 1000 米以下的溪河中，最高可达海拔 4200 米。常栖于平缓溪河的石灰岩洞穴内或深潭中。以水栖为主，多单独栖息。白天很少活动，偶尔上岸晒太阳，夜间活动频繁。幼鲵在自然环境中多栖于

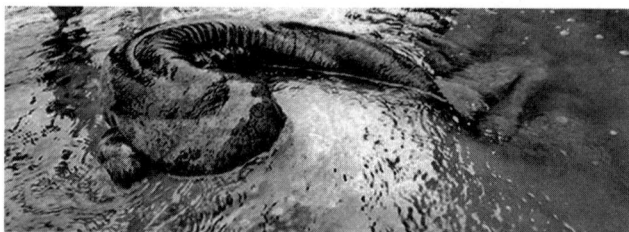

泾河中的中国大鲵

浅水处的石块下。成体以小型鱼类、虾、蟹类、蛙、水蛇、水生昆虫等为食。幼体以孑孓等水生浮游动物为食。人工饲养可投喂泥鳅和小鱼等。

◆ 生长与繁殖

中国大鲵全长一般 1 米左右，大者可达 2 米以上，体重可达数十千克，饲养条件下寿命可达 55 年。大鲵性成熟年龄为雄性 5 龄，雌性 6 龄。繁殖季节 6 ～ 9 月，繁殖盛期 7 ～ 9 月（水温 17 ～ 22℃）。大鲵雌雄异体，体外受精，为多精入卵，单精受精，属一次产卵类型。大鲵卵圆形，乳白色；有单胞、双胞和多胞之分；卵径 5 ～ 7 毫米；卵外有胶膜，卵与卵之间呈串珠状连接，胶膜无黏性，遇水后吸水膨胀，透明。卵在静止水体中为沉性，在流动水体中呈漂浮性。成熟精子呈线形，长度 180 ～ 200 微米，头部尖，尾部细长，约占全长的 2/3。大鲵绝对

怀卵量为 200 ～ 2000 粒，初次性成熟大鲵的绝对怀卵量平均 300 粒左右；经产大鲵的怀卵量大多在 500 ～ 800 粒。18 ～ 22℃温度条件下，38 ～ 40 天孵化出膜。

◆ **养殖概况**

大鲵养殖的方式主要有仿生态养殖和全人工工厂化养殖。仿生态养殖投入少，效率低；全人工工厂化养殖方式投入资金大，对养殖和繁殖技术要求高，尤其对繁殖过程中的催产及孵化有较高的技术要求，但是繁殖效果好。

人工饲养的中国大鲵

◆ **价值**

中国大鲵具有很高的营养价值，属于高档食材，其主要消费方式为食用，消费市场已经初步形成，消费者认可度高。也有少量以大鲵身体不同部分为原料的化妆品、药品及滋养保健品投入市场。

牛 蛙

牛蛙属动物界脊索动物门两栖纲无尾目蛙科蛙属一种大型食用蛙。因雄蛙咽喉部皮肤金黄色，有声囊，叫声似牛鸣，故名。

牛蛙原产北美洲，后被引入世界其他国家。20 世纪 30 ～ 70 年代引入中国。

◆ 形态特征

牛蛙体形庞大。头部宽扁。口端位。吻端尖圆而面钝。眼球外突，分上下两部分，下眼皮上的瞬膜可控制眼睛闭合。四肢粗壮，有黑色条纹。前肢较短，无蹼，后肢较长，趾间有蹼，适于游泳。背部皮肤粗糙，富有腺体，能分泌黏液，保持湿润。肤色会随环境变化而改变，多体表绿色或棕色，腹部白色至淡黄色。雌蛙咽喉部皮肤灰白色，无声囊。

◆ 生活习性

牛蛙多栖息于湖泊、小溪、池塘等水流缓慢、水草繁茂的水体中。喜群居，听觉灵敏，伺机捕食。牛蛙为变温动物，气温降低到10℃时潜入水底污泥或潮湿泥土层中越冬。牛蛙动物食性。蝌蚪期摄食植物性饵料，变态后只摄取活动饵料，如昆虫、蚯蚓等。不同发育时期食性略有差别，蝌蚪期以水生浮游小型动植物为主，变态后只以活的动物性饵料如蚯蚓、螺、蚌、小鱼、小蛙等为食。人工养殖时投喂人工饲料或昆虫、小鱼虾等活饵。

◆ 生长与繁殖

牛蛙生长过程包括受精卵、蝌蚪、幼蛙和成蛙4个阶段。不同地区因气温和水温的不同，蝌蚪的生长速度及变态时间也不相同。成蛙生长主要是身体重量的增加，在气候适宜、食物充足的情况下，牛蛙生长速度快，平均每月可增重50克左右。饲养5个月的牛蛙个体即可长成250克左右的商品蛙出售。冬季温度降到10℃以下，牛蛙大多停止生长，处于休眠状态。雌性2龄性成熟，雄性为1龄性成熟。春季繁殖，气温17～18℃以上即可产卵。雌蛙产卵2万～6万粒，为一次性产卵。一般早晨产卵，雌雄抱对产卵，体外受精，卵产于水中。卵圆形，卵块直径 30 ～ 40 厘米。现多采用人工孵化，每平方米孵化 5000 ～ 10000 粒。孵化温度 20 ～ 30℃，孵化出膜时间与孵化温度有关，温度越高出膜时间越短。人工孵化水温控制在 28℃左右，3 ～ 4 天出膜，7 天左右开始摄食。蝌蚪呈绿褐色带有深色斑点，蝌蚪生长变态时间约为 85 天。

◆ **养殖概况**

牛蛙易养、繁殖快、生长快、食性杂、适应性强，已成为中国主要养殖蛙类。牛蛙可单养，也可在稻田套养。然而，因性凶残，对牛蛙繁殖力要加以调控，以防止其对生物链产生危害。

生态稻米种植基地内套养的牛蛙

第 **3** 章

虾类

日本沼虾

日本沼虾属动物界节肢动物门软甲纲十足目长臂虾科沼虾属一种。俗称青虾、河虾。日本沼虾是中国的本土品种，也是中国最重要淡水虾。

日本沼虾广泛分布在中国各地内陆水域，也分布于日本、朝鲜、越南北部等。

◆ 形态特征

日本沼虾身体分头胸部和腹部两部分，全身覆盖着一层几丁质甲壳。头胸甲前端向前突出成一尖锐的额角，其上缘平直或轻度弧形，有12～15个额齿。复眼1对，其基部有眼柄，可自由转动。全身由20个体节组成，其中头部5节，胸部8节，腹部7节，除尾节外，每个节体均有1对附肢。性成熟的青虾在外形上存在雌雄差异。体色大多呈青灰色，但常随栖息环境不同而变化。

◆ 生活态性

日本沼虾终身生活在纯淡水中，低盐度的河口中亦能生存，适应水温为 4 ～ 38℃。日本沼虾具有蜕壳习性。青虾还具有自相残杀习性，常残食刚脱完壳的软壳虾。幼体有明显的趋光性，但畏惧直射的强光，成虾则有明显的避光性，常常昼伏夜出。日本沼虾是以动物性饵料为主的杂食性动物，幼体及幼虾阶段主要以浮游生物、有机碎屑为食。在自然水域，成虾的饵料范围广泛；人工养殖条件下，可投喂颗粒饲料。日本沼虾摄食强度与季节、水温、昼夜等有关。

◆ **生长与繁殖**

日本沼虾生长过程中需经历约 20 次生长蜕壳。日本沼虾生长速度较快，一般 6 ～ 7 月繁殖的虾苗，10 ～ 11 月即可养成上市。不同性别的日本沼虾生长速度不同，收获时雄虾的规格明显大于雌虾。日本沼虾养殖 2 个月左右即可性成熟，繁殖水温为 18℃ 以上，最适水温为 23 ～ 28℃。日本沼虾最大怀卵量 5000 粒左右，最少 300 粒左右，一般为 700 ～ 2500 粒，可连续多次产卵。雌虾交配前需进行生殖蜕壳，而且具有抱卵习性，受精卵黏附于腹部附肢上发育，直至孵出幼体。

◆ **养殖概况**

日本沼虾在中国已有 40 多年的养殖历史，2021 年全国养殖总产量达 22.44 万吨，养殖地区扩展到 20 多个省、自治区、直辖市。选育的新品种有杂交青虾"太湖 1 号"、青虾"太湖 2 号"等。随着中国人均收入不断提高，带动日本沼虾的消费量持续增长，在养殖产量逐年增加的情况下，青虾市场价格仍长期坚挺并呈现不断上升之势。与此同时，日本沼虾养殖过程普遍种植水草，环境效益显著。

罗氏沼虾

罗氏沼虾属动物界节肢动物门软甲纲十足目长臂虾科沼虾属一种。又称马来西亚大虾、淡水长臂大虾、金钱虾、大河虾。是世界上最大的淡水虾类，有"淡水虾王"之称。

罗氏沼虾原产于南亚、东南亚部分地区、大洋洲北部和西太平洋岛屿。

◆ **形态特征**

罗氏沼虾外被几丁质甲壳，全身分头胸部和腹部。整个身体由头部5节、胸部8节、腹部6节、尾部1节共计20节组成，除尾节外其余各体节均具附肢1对。头胸部粗大，腹部自前向后逐渐变小。头部前端有复眼1对，各具活动的眼柄。拥有一个很长的额角，末端1/3处稍向上弯曲且趋窄。有11～14个背齿和9～13个腹齿。头胸甲两侧有数条黑色斑纹，与身体呈平行状。体色一般呈淡青蓝色，间有棕黄色斑纹，常随栖息环境不同而变化，性成熟雄虾第二步足（螯足）多呈蔚蓝色。

◆ **生活习性**

罗氏沼虾有降海性洄游性。生长周期分为4个明显阶段，即受精卵阶段、幼体阶段、仔虾阶段和成虾阶段。在淡水中成长、发育至成熟。然后，又集群于河口半咸水区域繁殖场所，进行交配、产卵、孵育子代。刚孵出的幼体即是溞状幼体，经过11次蜕皮，变成仔虾，能很快适应淡水生活，7～14天开始溯河洄游至淡水中。幼体主要以微小甲壳类等浮游动物和其他水生无脊椎动物幼虫为食。仔虾杂食性，以水生昆虫及其幼虫、谷类、果类、小型软体动物和甲壳类、鱼肉为食。人工养殖罗氏沼虾可食人工配合饲料。

◆ **生长与繁殖**

罗氏沼虾生长由蜕皮实现，每蜕皮 1 次，体重可增加 20%～80%。刚孵出的溞状幼虾体长 1.7～2.0 毫米，营浮游生活，经过 20～30 天培育历经 11 次蜕皮后变态成仔虾。仔虾体长可达 7～9 毫米，转为淡水底栖生活。体长达 2～3 厘米的幼虾，经过 3～5 个月的饲养，雄虾体长可达 11 厘米以上，体重 80 克左右；雌虾体长可达 10 厘米以上，体重 40 克左右。雌虾在产卵前进行生殖蜕壳，一般蜕壳后 3～6 小时便与雄虾进行交配，雌虾在交配后数小时内产卵。雌虾依个体大小不同，其一次排卵量有较大差异，一般在 0.5 万～10 万粒。卵橙黄色，附着于虾的第 1～4 对游泳足的刚毛上。28℃条件下，受精卵约经 20 天孵化。

◆ **养殖概况**

罗氏沼虾体形大、食性广、病害少、易生存、生长快、营养好，因此具有重要的经济价值。中国农业科学院于 1976 年从日本引进此虾，由珠江水产研究所试养；1977 年繁殖成功后向全国 14 个省、市推广养殖。20 世纪 90 年代，罗氏沼虾养殖因规模化人工育苗技术突破获空前发展，已有近 20 个省、自治区、直辖市开展养殖，2021 年中国养殖总产量超过 17 万吨，其中广东、江苏、浙江 3 个主产省的养殖产量约占全国养殖总量的 90%。

克氏原螯虾

克氏原螯虾属动物界节肢动物门甲壳动物亚门软甲纲十足目螯虾科原螯虾属一种。中国北方俗称蝲蛄，南方俗称小龙虾、淡水龙虾。

◆ 分布

克氏原螯虾原产于墨西哥北部和美国南部，1918 年引入日本，20 世纪 30 年代末从日本传入中国。克氏原螯虾已广泛分布于中国 20 多个省、自治区、直辖市，形成可供利用的天然种群，特别是在长江中、下游地区生物种群量较大，为其主要产地。

◆ 形态特征

克氏原螯虾体形呈圆筒状，甲壳坚厚。成体长 5.6～11.9 厘米。身体由头胸甲和腹部共 20 节组成，头胸部稍大，背腹略扁平，头胸部和腹部均匀连接，颈沟明显。克氏原螯虾头胸甲背面前部有 4 条脊突，中间两条从额角向后延伸，较粗长，另外两条从眼后棘向后延伸，较短小，这是区别于其他淡水螯虾的显著特征。

头部有触须 3 对，触须近头部粗大，尖端小而尖。鳃为丝状鳃。在头部外缘的 1 对触须特别粗长，一般比体长长 1/3；在 1 对长触须中间为 2 对短触须，长度约为体长的一半。胸部有步足 5 对，第 1～3 对步足末端呈钳状，第 4～5 对步足末端呈爪状。第 1 对步足特别发达而成为很大的螯，雄性的螯比雌性的更发

克氏原螯虾（前）

克氏原螯虾（后）

达，并且雄性龙虾的前外缘有一鲜红的薄膜，十分显眼，雌性则没有此红色薄膜。这成为雄雌区别的重要特征。

尾部有 5 片强大的尾扇，母虾在抱卵期和孵化期，尾扇均向内弯曲，爬行或受敌时，以保护受精卵或稚虾免受损害。体色呈淡青色或暗红色，甲壳部分近黑色，腹部背面有一楔形条纹。幼虾体为均匀的灰色，有时具黑色波纹。

◆ 生活习性

克氏原螯虾适应性极广，广泛分布于各类水体，尤以静水沟渠、浅水湖泊和池塘较多。喜掘洞，善攀爬。喜栖息于水草、树枝等隐蔽物中；喜昼伏夜出；有很强的趋水流性，喜集群生活；喜爬行，不喜游泳。觅食和活动时向前爬行，受惊或遇敌时迅速向后，弹跳躲避。具有较广的适宜生长温度，存活温度为 -14 ～ 40℃，在水温为 0 ～ 37℃时均可正常生长发育，最适温度为 18 ～ 31℃。属杂食动物，主要摄食有机碎屑，也摄食各种谷物、水生植物、陆生牧草、小鱼虾、浮游生物、底栖生物、藻类等，也喜食人工配合饲料。

◆ 生长与繁殖

同许多甲壳类动物一样，克氏原螯虾的生长也伴随着蜕壳。幼体一般 4 ～ 6 天蜕壳一次，离开母体进入开放水体的幼虾每 5 ～ 8 天蜕壳一次，后期幼虾的蜕壳间隔一般 8 ～ 20 天。一般蜕壳 11 次即可达到性成熟，性成熟个体可以继续蜕壳生长，其寿命约为 1 年。蜕壳时，一般寻找隐蔽物，如水草丛中或植物叶片下。克氏原螯虾雌雄异体，隔年性成熟，秋冬季产卵类型，1 年产卵 1 次，交配季节一般在 7 ～ 11 月。

繁殖的大部分过程在洞穴中完成，交配一般在水中的开阔区域进行，雌虾在交配以后，便陆续掘穴进洞，卵巢在交配后需 2～5 个月后成熟，在洞穴内完成排卵、受精和幼体发育的过程。怀卵量较小，一般在 100～700 粒，平均为 300 粒。适宜条件下，卵的孵化时间为 14～24 天，但低温条件下，孵化期可长达 4～5 个月。幼体在发育期间，不需要外来营养供给，仔虾在几个月后脱离亲虾腹部，从洞穴中爬出。克氏原螯虾虽然抱卵量较少，但幼体孵化的成活率很高。

◆ **资源利用**

克氏原螯虾主要产于长江中下游地区，湖北、安徽、江苏、湖南、江西等 5 个主产省产量占中国产量的 95% 左右。中国克氏原螯虾养殖面积和产量持续快速增长，已成为世界最大的克氏原螯虾生产国。2007～2016 年，全国克氏原螯虾养殖产量由 26.55 万吨增加到 85.23 万吨，增长了 221%；全国养殖面积超过 900 万亩。2021 年，中国克氏原螯虾养殖产量为 263.36 万吨，养殖面积约 2600 万亩。

◆ **养殖概况**

克氏原螯虾的养殖起源于澳大利亚，中国克氏原螯虾人工养殖始于 20 世纪 90 年代后期。2015 年，中国克氏原螯虾产量为 72.3 万吨，养殖范围分布在 20 多个省、自治区、直辖市，已成为重要的淡水养殖品种之一。养殖方式有稻田养殖、池塘养殖、藕田养殖、大水面养殖等，以稻田养殖为主。

◆ **加工**

克氏原螯虾加工产品在欧、美等国际市场潜力巨大，随着中国水产养殖业标准化体系的建立和完善，水产品加工企业的行为逐步规范，中国克氏原螯虾加工产品逐步突破国际贸易壁垒，从而进一步促进了中国克氏原螯虾养殖业的发展。

◆ **价值**

克氏原螯虾蛋白质含量很高，且肉质松软，味道鲜美，主要用于餐饮和加工，深受消费者青睐。另外，克氏原螯虾含有虾青素，虾青素是一种很强的抗氧化剂。克氏原螯虾还可入药，能化痰止咳，促进手术后的伤口生肌愈合。

第 4 章

蟹类

中华绒螯蟹

中华绒螯蟹属动物界节肢动物门软甲纲十足目弓蟹科绒螯蟹属一种。俗称河蟹、毛蟹、清水蟹、大闸蟹、螃蟹等。中华绒螯蟹因两只大螯上密生绒毛而得名，是中国重要的淡水养殖品种之一。

中华绒螯蟹原产中国。中华绒螯蟹自然分布区主要在亚洲北部、朝鲜西部和中国。20 世纪，中华绒螯蟹随海船至德国，然后沿莱茵河传布，已遍及欧洲许多国家的水域，在北美洲也有出现。在中国，北至辽宁鸭绿江口、南至福建九龙江、西迄湖北宜昌的三峡口均有中华绒螯蟹分布。

◆ **形态特征**

中华绒螯蟹身体分头胸部和腹部。头部和胸部结合而成的头胸甲呈方圆形，质地坚硬。头胸甲背面为青色或墨绿色，腹面灰白，身体前端长着 1 对眼睛，两侧各有 4 个尖锐的蟹齿。最前端的 1 对附肢叫螯足，雄性掌节与指节基部的内外面密生绒毛，腕节内末角有 1 个锐刺，长节背缘近末端处与步足的长节同样有 1 个锐刺。步足以最后 3 对较为扁平，腕节与前节的背缘各具刚毛，第 4 步足前节与指节基部的背缘与腹缘皆密具刚毛。雌雄辨别特征有：雄性腹部为三角形，雌性腹部呈圆形。雌蟹有 4 对腹肢，雄蟹仅有第 1 和第 2 腹肢，特化为交接器。

◆ **生活习性**

中华绒螯蟹喜欢栖居在江河、湖泊的泥岸或滩涂的洞穴里，或隐匿在石砾和水草丛里，一般白天隐蔽在洞中，夜晚出洞觅食。中华绒螯蟹属洄游性动物，海水中繁殖，淡水中生长。适应水温为 4 ～ 38℃。中华绒螯蟹具蜕壳习性，一生中蜕壳约 20 次。中华绒螯蟹具自相残杀习性，常残食刚脱完壳的软壳蟹。成蟹食性杂，但偏爱动物性食物，在自然条件下以食水草、腐殖质为主，嗜食动物尸体，也喜食螺、蚌子、蠕虫、昆虫，偶尔也捕食小鱼，还吃谷类、薯类等。人工养殖条件下，中华绒螯蟹可食颗粒饲料、螺蛳、冰鲜杂鱼等。

◆ **生长与繁殖**

中华绒螯蟹一生历经溞状幼体、大眼幼体、幼蟹、成蟹等 4 个阶段，幼体 5 次蜕皮成为大眼幼体，再经 13 ～ 15 次蜕皮成为成蟹。中华绒螯蟹生长一般分为 3 个阶段，第一阶段是孵出溞状幼体在海水中生长成大眼幼体；第二阶段是大眼幼体在淡水中生长成幼蟹；第三阶段是从幼蟹生长为成蟹，整个过程通常历时 2 年。交配时，雄蟹以螯足钳住雌蟹步足，将交接器的末端对准雌性生殖孔，将精液输入雌蟹的纳精囊内，整个交配过程历时数分钟至 1 小时。雌蟹一般在交配后 7 ～ 16 小时内产卵。当性腺已发育进入第 IV 期，中华绒螯蟹洄游至浅海进行繁殖，适宜盐度为 18 ～ 26，适宜温度为 5 ～ 12℃。当幼体发育成大眼幼体时，可离开海水到淡水中生长。

◆ **资源概况**

中国中华绒螯蟹为中国主要经济蟹类之一，生产经历了捕捞、增殖、养殖 3 个阶段。2021 年，中国养殖总产量达 80.83 万吨，养殖地区扩展到除西藏、香港、澳门以外的所有省、自治区、直辖市。养殖方式有池塘养殖、稻田养殖、湖泊围栏养殖和河沟养殖等。随着中华绒螯蟹养殖业的不断扩张，养殖成本逐年增高，商品蟹上市季节价格波动性较大，中华绒螯蟹养殖的收益率逐步压缩，广大养殖户的养殖风险在增加。因此，需要合理控制其养殖规模，实现中华绒螯蟹养殖业的健康和可持续发展。

稻田内收获中华绒螯蟹

◆ **价值**

中华绒螯蟹肉质细嫩、味道鲜美、经济价值高，深受广大消费者和养殖户的喜爱。

第5章

贝类

背瘤丽蚌

　　背瘤丽蚌属动物界软体动物门瓣鳃纲真瓣鳃目蚌科丽蚌属一种。又称麻皮蚌、麻歪歪。背瘤丽蚌为中国特有淡水经济贝类，因贝壳珍珠层厚被广泛应用于生产珠核，培育有核珍珠，经济价值较高。

　　背瘤丽蚌分布于中国河北、河南、安徽、江苏、浙江、江西、湖北、湖南、广东及广西等地，特别在长江中、下游流域的大型、中型湖泊及河流内产量高。

◆ 形态特征

　　背瘤丽蚌贝壳甚厚，壳质坚硬，外形呈椭圆形。前端圆窄，后端扁而长，腹缘呈弧状，背缘近直线状，后背缘弯曲稍突出成角形。壳顶略高于背缘之上，位于背缘最前端。除前缘部、腹缘部外，壳面布满瘤状结节，一般标本瘤状结节联成条状，并与后背部的粗肋相接呈

背瘤丽蚌

"人"字形。幼壳壳面呈黄色，逐渐变成绿褐色，老壳则变成暗褐色或暗灰色。贝壳外形变异很大，有的壳前部短圆，有的壳前部较长。壳内层为乳白色的珍珠层。铰合部发达，左壳有 2 枚拟主齿和 2 枚侧齿，右壳有 1 枚拟主齿和 1 枚侧齿。前闭壳肌痕为圆形，深而粗糙；后闭壳肌痕较大，近三角形，浅而光滑；外套膜痕极明显。

◆ 生活习性

背瘤丽蚌喜生活于水深、水流较急河流及其相通湖泊内，底质较硬，多为沙底、有卵石的沙底或泥沙底，有的个体生活在岩石缝中。幼蚌较成蚌行动灵活，往往在水域沿岸带可采到幼蚌，而成蚌则在水深处方能采到。背瘤丽蚌饵料为硅藻、原生动物、单鞭毛藻类及有机物碎屑。

◆ 生长与繁殖

背瘤丽蚌生长较慢、寿命较长，鄱阳湖自然群体中 2 龄个体壳长仅 3.2 厘米，17 龄个体壳长达 10.1 厘米。雌雄异体，繁殖周期为 1 年 1 次，繁殖期为 2 月中旬至 5 月，3 ~ 4 月初为妊娠高峰期，个体繁殖力 11.5 万 ~ 50.4 万粒。均黄卵，育儿囊为四鳃型，受精卵分布在雌蚌内、外鳃腔中进行胚胎发育，怀卵母蚌胚胎在外界环境变化时容易流产。

◆ 资源概况

20 世纪 80 年代、90 年代，由于过度捕捞及生境受到污染等原因，背瘤丽蚌自然群体大小和资源量急剧下降，分布范围大幅缩小。安徽（1992）、广西（1993）、湖北（1994）、江西（1995）、湖南（2002）等省相继出台了相关法规对背瘤丽蚌进行保护，如安徽省 1992 年将背瘤丽蚌列为省一级保护动物。

池蝶蚌

池蝶蚌属动物界软体动物门瓣鳃纲真瓣鳃目蚌科帆蚌属一种。池蝶蚌是日本特有品种，也是优质淡水育珠蚌。

池蝶蚌原产于日本滋贺县的琵琶湖。琵琶湖是日本最大的淡水湖，在此湖中出产的淡水珍珠被称为琵琶珠。

◆ 形态特征

池蝶蚌贝壳大型，扁平，外形呈不规则的长椭圆形，前端钝圆，后端尖长。背缘向上扩展成三角形的翼部较低。壳质较坚硬。前后有轻微的沟痕，后脊发达，略呈双角形。后背翼弱，由此向后背壳呈斜截形。壳面密布黑色的同心生长线。与三角帆蚌的形态比较：壳宽是三角帆蚌的 1.23 倍，外套膜的厚度是三角帆蚌的 1.78 倍，贝壳珍珠层的厚度是三角帆蚌的 2.08 倍，晶杆粗长，消化吸收能力强，生长旺盛。壳顶较三角帆蚌低，大多顶端因剥脱而发白；幼蚌缘背后面有翼状突出，长大后即消失。壳内的珍珠层，闪着青白色的光泽。

池蝶蚌

◆ 生活习性

池蝶蚌生活习性与三角帆蚌相似。池蝶蚌喜生活在浅水湖泊的富有泥沙之处，适应水温 8 ～ 38℃，最适水温 20 ～ 35℃。池蝶蚌以摄食藻类为主，主要种类有绿藻、硅藻、裸藻、金藻，还摄食有机碎屑等，一般在春末夏初进食比较旺。

◆ **生长与繁殖**

据日本资料记载，池蝶蚌最小型壳长 100～110 毫米，商品规格壳长 100～130 毫米以上，寿命超过 10 年。池蝶蚌性成熟年龄、产卵季节与三角帆蚌相似，作为繁殖康乐蚌的母蚌。在日本，池蝶蚌养殖主要是从自英国引进的红眼鱼上采集钩介幼虫作为苗种；在中国，主要从黄颡鱼上采集钩介幼虫作为苗种。

◆ **养殖概况**

中国上海于 20 世纪 70 年代从日本引进池蝶蚌，成功繁殖后代。1997 年，江西省抚州市洪门水库开发公司第二次引入。池蝶蚌在中国引种、驯养、繁育成功后，表现出一定优势，作为培育大规格高质量珍珠母蚌。2006 年，上海海洋大学采用母本池蝶蚌与父本三角帆蚌杂交，培育出珍珠贝类新品种——康乐蚌。2020 年，南昌大学通过群体选育，培育出池蝶蚌"鄱珠 1 号"。自然状况下，可以与中国三角帆蚌产生杂交后代，造成"遗传污染"，应严防流入自然水域。

康乐蚌

康乐蚌是以池蝶蚌选育群体为母本，三角帆蚌鄱阳湖选育群体为父本，杂交而获得的一个蚌类品种。康乐蚌是中国珍珠贝类第一个具有自主知识产权的品种。2006 年通过国家水产原种和良种审定委员会审定，品种登记号：GS-02-001-2006。

康乐蚌由上海水产大学（今上海海洋大学）李家乐教授团队与浙江

诸暨王家井珍珠养殖场合作培育。

康乐蚌选育，以日本引进的池蝶蚌经群体选育培育出母本配套系，选用生长快、遗传性状好的鄱阳湖群体三角帆蚌，经群体选育培育出父本配套系。康乐蚌具有显著的杂交优势，较亲本壳间距大、贝壳厚、成活率高、育珠周期短、优质珠比例高。插种3年后，康乐蚌形成的商品珠较母本池蝶蚌，平均产珠量增加15%，直径8毫米以上的大规格优质珍珠比例提高50%以上；较父本三角帆蚌，平均产珠量增加32%，大规格优质珍珠比例提高3倍以上。康乐蚌养殖成活率比父本三角帆蚌提高18%。康乐蚌适宜养殖于中国淡水珍珠主产区各地可控水域。2007年以来，康乐蚌苗种已推广应用到浙江、安徽、江西、湖南、湖北、江苏、上海等省、直辖市。

褶纹冠蚌

褶纹冠蚌属动物界软体动物门瓣鳃纲真瓣鳃目蚌科冠蚌属一种大型淡水贝类。俗称鸡冠蚌、湖蚌、绵蚌、水蚌等。

褶纹冠蚌在中国黑龙江、吉林、河北、山东、安徽、江苏、浙江、江西、湖北、湖南等地均有分布，日本、俄罗斯、越南也有分布。

◆ **形态特征**

褶纹冠蚌成年个体比三角帆蚌的同龄个体大得多，壳长可达290毫米，壳高170毫米，壳宽100毫米，最大个体壳长可达400毫米以上。壳质较厚，且坚硬壳后背缘向上扩展成巨大的冠，使蚌体外形略呈不等边三角形。褶纹冠蚌壳面为黄褐色、黑褐色或淡青绿色；壳内面珍珠层呈乳白色、鲑白色、淡蓝色或七彩色，并具珍珠光泽。韧带粗大，位于背缘冠的基部。褶纹冠蚌前闭壳肌痕大，呈楔状，略凹陷；后闭壳肌痕呈不规则卵圆形，极浅，不明显。外套膜痕略明显。后侧齿下方有与壳面相应纵肋与凹沟。褶纹冠蚌铰合齿不发达，左右两壳各具 1 枚短且略粗后侧齿，及 1 枚细弱前侧齿，两壳皆无拟主齿。

褶纹冠蚌

◆ **生活习性**

褶纹冠蚌耐污水和耐低氧能力较强，喜栖于较肥的水域，生活在泥底或泥沙底的河流、湖泊、沟渠及池塘等水域中，以淤泥底水域中数量最多。褶纹冠蚌适宜生长水温 10 ～ 30℃，最适 24 ～ 28℃，pH4.5 ～ 9.5。褶纹冠蚌比三角帆蚌分布广泛，中国几乎各地都出产。褶纹冠蚌以单细胞藻类、有机碎屑和植物残片为食。

◆ **生长与繁殖**

褶纹冠蚌生长速度快，3 年壳长可达 30 ～ 35 厘米，壳宽 20 ～ 25 厘米，厚度 8 ～ 10 厘米，体质量 1.5 千克，一般寿命十几年，最长达 80 年以上。雌雄异体，性成熟年龄一般为 3 ～ 4 年，个体怀卵量 20 万～ 30 万粒，1 年有 2 次繁殖期，分别在 3 ～ 4 月和 10 ～ 12 月，每次排卵 2 ～ 3 次。褶纹冠蚌受精卵在雌蚌外鳃叶中受精发育，发育成钩介幼虫，成熟的钩介幼虫由母蚌排出后，在鱼体营寄生生活，逐渐发育成幼蚌，然后脱离鱼体，沉入水底营底栖生活，幼蚌生长 10 个月壳长可达 10 ～ 20 毫米，20 个月壳长可达 100 毫米。

◆ **养殖概况**

1978 年以前，中国淡水育珠蚌都是采集天然水体中的褶纹冠蚌和三角帆蚌，随着养殖规模的扩大，天然蚌源已经无法满足生产的需要。在 20 世纪 70 年代后期，中国首先突破了褶纹冠蚌的人工繁殖技术，因其幼蚌生长快、成蚌抗病力强、培育的珍珠颗粒大且产量高等优点曾被广泛应用；后由于所产珍珠质量不及三角帆蚌，已很少作为珍珠蚌养殖，但多作为药材、保健品和化妆品原料而养殖。因其斧足肥大，伸展范围广，往往可将插核排空，因此外套膜上的插核性能不佳；但由于内脏团肥厚，可在生殖腺中插植大核。褶纹冠蚌个体大，外套膜宽广且壳质珍珠层光亮洁白，非常适合于培育大型的佛像珠等象形珍珠。此外，一些地方也作食用蚌养殖。

河　蚬

河蚬属动物界软体动物门瓣腮纲真瓣鳃目蚬科蚬属一种。俗称黄蚬、蟟鲜、蟟仔、沙蜊、扁螺和金蚶等。

河蚬广泛分布于中国各地的江河、湖泊和沟渠等水域。河蚬在俄罗斯、朝鲜、日本和东南亚各国也有分布。

◆ **形态特征**

河蚬为双壳，贝壳中等大小，壳质厚而坚硬，两壳膨胀，外形呈圆底三角形。壳面光泽，有粗糙的环肋，常呈棕黄色、黄绿或黑褐色，壳面颜色与栖息地环境和河蚬年龄有关。珍珠层淡紫色、鲜紫色，并有瓷状光泽。韧带短，突出于壳外。铰合部发达。左壳具 3 枚主齿，前、后侧齿各 1 枚。右壳具 3 枚主齿，前、后侧齿各 2 枚，其上有小齿列生。闭壳肌痕明显，外套膜痕深而显著。

河蚬形态

◆ **生活习性**

河蚬营穴居生活，栖息于底质多为沙、沙泥或泥的江河、湖泊、沟渠、池塘及河口咸淡水水域。河蚬属被动摄食动物，以外界进入体内的水流所带来的食物为营养，通常摄食水中浮游生物，如硅藻、绿藻、眼虫、轮虫等。

河蚬生长率根据饲养条件而定，苗种平均重约 0.11 克，饲养 1 个半月可增重 4 倍，达 0.45 克；3 个月可达 0.91 克；4 ～ 4.5 个月可达 2.25 克；5 ～ 6 月可达 4 克，7 ～ 7.5 个月可达 5.4 克，体重相当于原苗种的 50 倍，这时即可采捕。雌雄异体，但也发现有雌雄同体的个体。3 个月可达性成熟，一年四季皆可繁殖。性腺最丰满期是 5 ～ 8 月，生殖旺期是 5 ～ 6 月。河蚬属于分批成熟、分批产卵类型，体外受精。成熟的精子或卵子排入水中，受精后，首先经过一段浮游幼虫期，结束浮游生活后沉入水底，经 15 ～ 30 天的发育，变态为针尖状的幼蚬，开始埋栖生活，这时将壳体埋在泥沙中，只露出水管进行呼吸和摄食、排泄。幼蚬栖息深度为 10 ～ 20 毫米，大蚬可潜居 20 ～ 200 毫米，以 20 ～ 50 毫米分布最多。寿命约 5 年。

◆ **养殖概况**

河蚬适合于湖泊大、中型水面放流增殖，也适合于小型水面或者池塘投饲、投肥养殖。河蚬养殖成本低、产量高，易捕捞，可以当年放养当年收获，经济效益显著，具有广阔的养殖前景。

◆ **价值**

蚬肉可食用，营养丰富，既可鲜食，也可制蚬干和罐头；可作药用，有开胃、通乳、明目、利小便、治脚气、去湿毒及醒酒之功效，还可治疗肝病、麻疹退热等。河蚬是底栖鱼类和禽类的天然饵料。壳粉可用来改良酸性土壤；蚬壳可作石灰的原料。

鲜食河蚬

第 6 章

螺类

中华圆田螺

中华圆田螺属动物界软体动物门腹足纲前鳃亚纲中腹足目田螺科圆田螺属一种。俗称田螺、香螺。

中华圆田螺广泛分布于中国吉林、陕西、山西、河北、河南、山东、安徽、江苏、浙江、江西、湖北、湖南等各地淡水湖泊、水库、稻田、池塘沟渠等。中华圆田螺可一年四季生长。

◆ **形态特征**

中华圆田螺贝壳大、壳质薄而坚固，外形呈卵圆形。壳为右旋，螺旋部较短，体螺层6～7个，膨胀，各螺层的宽度增长迅速，缝合线明显，壳顶尖。壳面呈绿褐色或黄褐色。壳口卵圆形，周围明显黑色边缘。足极为发达，蹠面广阔，适于爬行。

刚收获的中华圆田螺

◆ 生活习性

中华圆田螺栖息于冬暖夏凉，底质松软，饵料丰富，水质清新的水域中，如水草茂盛的湖泊、池塘、水田和缓流的沟溪河道中，特别喜群集于有微流水之处。食性杂，常以水生植物嫩茎叶、低等藻类、细菌和有机碎屑等为食，喜夜间活动和摄食。人工养殖条件下，中华圆田螺摄食米糠、麦麸、菜饼、豆渣、菜叶、浮萍、动物尸体和下脚料等。水温超过30℃，会将肉体缩入壳内停止摄食并群集于阴凉处栖息，或用厣片封口潜入泥土中避暑；水温超过40℃时，便会死亡。冬天水温在8℃以下时，潜入泥穴中休眠，至翌年春季水温回升到15℃左右，又重新出穴活动与摄食。

◆ 生长与繁殖

在自然条件下，早期产下仔螺当年体重可达6～8克，人工养殖可达12～15克，尤其前3个月生长速度较快，成年体重20～25克，最重可达29克以上。雌螺寿命一般2～3年，雄螺4～5年。雌、雄异体，卵胎生，体内受精发育，一般1冬龄后性成熟，4月上旬至11月上旬产仔螺，5～8月为盛期。雌螺分批产仔，每次可产20～30个。刚出生仔螺身体直径2～3毫米，动作非常敏捷，可爬行，也可游泳，水中行自由生活。随着生长发育，仔螺动作渐趋迟缓，逐渐失去游泳本领。

◆ 养殖概况

中华圆田螺人工养殖方式主要是稻田养殖。稻螺综合种养根据生态循环农业理念，利用稻、螺共生方式对物质进行循环利用，把种植水稻与养殖田螺有机结合在同一生态环境中，实现水稻、田螺双丰收。稻螺种养产区相对集中，分布于华南、华中和华东地区，但主要集中于广西壮族自治区，面积和产量约占全国稻螺种养六成。另外，大水面增殖是投资少、效益高的一种田螺增殖模式。随着中华圆田螺市场的不断扩大，田螺逐渐趋向供不应求的局面，人工养殖前景看好。

农民在农田播撒种螺

◆ **价值**

中华圆田螺适应性强，分布广，发展潜力较大。中华圆田螺作为中国传统水产品，是深受消费者欢迎的营养食品，肉质鲜嫩、可口，风味独特，并含有丰富蛋白质、脂肪和磷、钙、铁元素及维生素等。

龟、鳖类

中华花龟

中华花龟属动物界爬行纲龟鳖目地龟科拟水龟属一种。又称花龟、斑龟、珍珠龟、台湾草龟。中国龟类主要养殖品种之一。

中华花龟分布于越南、中国等国。在中国，南方沿海各省区及香港、台湾地区均有中华花龟分布。

◆ **形态特征**

中华花龟头部较小。头颈部皮肤光滑无鳞，具黄绿色细纹，从吻端经眼及头颈向四肢延伸。背甲椭圆形，呈栗红色或黑褐色，中央略隆起，有3条嵴棱（幼龟明显）。颈盾

中华花龟

1枚，梯形或长方形，椎盾5枚，肋盾4对，缘盾12对，盾片有同心纹。腹甲平坦呈棕黄色，盾片具栗色斑块，边缘光滑或呈放射状。四肢扁圆，

前肢被大鳞。指、趾满蹼，前肢5爪，后肢4爪。尾长，渐尖细。

◆ 生活习性

中华花龟属水栖龟类。中华花龟嗜水性强，喜水深且有缓流的池塘。中华花龟杂食性，以果实、昆虫、鱼和蠕虫为主。华南地区6～10月为旺食期，7～9月食欲最旺盛。11月份温度低于20℃时进入冬眠期，翌年4月开始外出活动。

中华花龟雌雄差异大。4龄以上雄龟明显小于雌龟。雄龟重380～1000克，雌龟可达4500克。人工养殖下，3年左右性成熟。4～7月为产卵期，每年产卵3次，每次产卵2～20枚不等。最适孵化温度26～28℃，孵化期约60天。孵化温度影响幼龟性别，低于24℃，雄性偏多；30～32℃，雌性偏多。

◆ 养殖概况

中华花龟种龟存量30万～40万只，每年可生产苗种300万只，人工繁育已能获得子二代群体。养殖中华花龟主要是食用和观赏用。

中华鳖

中华鳖属动物界脊索动物门爬行纲龟鳖目鳖科鳖属唯一种。简称鳖。又称水鱼、甲鱼、团鱼、王八、脚鱼等。

中华鳖属水陆两栖类的变温爬行动物。中华鳖可食用也可药用。中华鳖分布于中国、日本、越南北部、韩国、俄罗斯东部，也被引入泰国、马来西亚、夏威夷等地。在中国，中华鳖广泛分布在除西藏和青海外的其他地区。

◆ 形态特征

中华鳖体躯扁平，呈椭圆形，背腹具甲；通体革质皮肤柔软、无角质盾片。头部粗大，前端略呈三角形。吻端延长呈管状，有长的肉质吻突，约与眼径相等。口内无齿，上下腭有角质突起。脖颈细长，呈圆筒状，伸缩自如。眼小但视觉敏锐，位于鼻孔后方两侧。颈基两侧及背甲前缘均无明显的瘰粒或大疣。体色基本一致，无明显的淡色斑点。背甲暗绿色或黄褐色，周边为肥厚的结缔组织，俗称"裙边"。腹甲灰白色或黄白色，平坦光滑，有 7 个胼胝体，分别在上腹板、内腹板、舌腹板与下腹板联体及剑板上。尾较短。四肢扁平，前后肢各有 5 趾，趾间有蹼，内侧 3 趾有锋利的爪，且后肢比前肢发达，四肢均可缩入甲壳内。雄鳖尾长超出裙边，雌鳖不超出。

雄性中华鳖形态

雌性中华鳖形态

◆ 生活习性

中华鳖常栖息于江河、湖沼、池塘、水库等水流平缓、富有沙泥底质的水域。用肺呼吸，常浮到水面交换气体。中华鳖性胆怯，栖于安静环境中，白天潜伏水中或淤泥中，傍晚或夜间出水觅食。水温低于 20℃时，有晒日的习性；超过 35℃，喜藏于阴凉处。低于 15℃时，停食；

降至 10℃ 时，处于冬眠状态。中华鳖肉食性，摄食动物性饵料，以鱼、虾、软体动物等为主食，亦食臭鱼、烂虾等腐食；不主动追食饵，而是在水底潜行时，遇食饵即伸颈张嘴吞入。中华鳖耐饥饿，食饵缺乏会互相残食。

◆ 生长与繁殖

体重 50 克以下的稚鳖生长较慢而且难养。体重超过 50 克以后，养殖顺利。由于各地气候不同，中华鳖的性成熟年龄也不相同。在华北地区需 5～6 年，长江流域需 4～5 年，华南热带地区需 3～4 年，台湾地区只需 2～3 年。水中交配，体内受精。性成熟后的鳖在 5 月中旬至 8 月上旬产卵，6～7 月为高峰期，最佳气温为 25～32℃，最佳产卵温度为 28～32℃。产卵地多选在松软的地面，并用土将其覆盖。中华鳖在繁殖季节可产卵 3～5 次，5 龄以上的雌鳖每次可产卵 50～100 枚。受精卵为多黄卵，无气室，在卵巢中发育。卵壳乳白色，卵径 15～25 毫米，呈卵球形。孵化温度控制在 28～32℃，孵化湿度在 80% 左右（即手抓成团、松开即散时）。中华鳖的孵化总积温约为 36000℃·日，孵化时间 40～45 天。

◆ 养殖概况

中华鳖是中国重要的水产经济动物，2021 年养殖产量达 36.5 万吨，产值高达 200 亿元以上，市场需求旺盛。中国浙江、湖北、安徽、湖南、广东和江西等省养殖产量较高。主要养殖模式有池塘养殖、温室养殖、半生态（温室＋池塘生态养殖）养殖及生态养殖模式，其养殖水平、养殖地域、养殖品系不断提升，养殖前景良好。

◆ **价值**

中华鳖营养价值高，味道鲜美，有滋补药用功效，头、甲壳、骨头、肉等均可入药。随着人们生活水平的提升，鳖类的滋补、保健、药用价值会进一步挖掘和开发，市场对于鳖类的需求旺盛，给鳖的市场供应和市场价值带来更为广阔的提升空间。

乌 龟

乌龟属动物界爬行纲龟鳖目地龟科拟水龟属一种。又称草龟、泥龟、金龟、金钱龟（幼体）、墨龟（雄性）、香龟。中国常见龟类之一。

乌龟分布于中国、日本、朝鲜等国。在中国，除东北 3 省、新疆维吾尔自治区、宁夏回族自治区，以及青藏高原以外的地区均有乌龟分布。

◆ **形态特征**

乌龟雄性较小，背甲黑色，尾较长，有异臭；雌性较大，背甲棕褐色，尾较短，无异臭。头中等大，略呈三角形，侧后方具黑色与黄绿色镶嵌条

石头上休息的乌龟

纹，延伸至颈部。头前段皮肤光滑，后段细鳞，鼓膜明显。吻端向内侧下斜切。背甲长椭圆形，棕色或黑色，中央隆起，具 3 条嵴棱，雄性纵棱不显。腹甲棕黄色，有黑色斑块。背腹甲之间以骨缝相连。四肢灰褐

色，扁平，趾、指间具蹼，除后肢第一趾，其余指、趾端具爪。

◆ **生活习性**

乌龟属半水栖类龟，杂食性，变温动物。乌龟栖息于溪流、湖泊、稻田、水草丛等。乌龟喜食昆虫、蠕虫、小鱼虾等动物性食物，可食嫩叶、浮萍、草种、稻谷等植物。乌龟在环境温度 10℃ 左右进入冬眠，温度高于 15℃ 能摄食，随温度升高食量增大。乌龟雌雄生长差异大，雌性生长快，体形大，3 龄可长至 100 克，6 龄 300 克，最大可达 1500克。雄龟生长慢，最大个体 250 克以下。性成熟期 6 ～ 7 年，繁殖期为每年 4 ～ 10 月，每年可产卵 1 ～ 3 窝，每窝卵数为 4 ～ 8 个。雌龟产卵前，爬到向阳有荫的岸边松软地上，用后肢掘穴产卵。乌龟卵长椭圆形，灰白色，最适孵化温度 28 ～ 30℃，孵化期 60 天左右。孵化温度影响稚龟性别，低于 24℃，雄性比例高于雌性；高于 30℃，雌性比例高于雄性。幼龟当即下水，独立生活。

乌龟及其生境

◆ **养殖概况**

乌龟是中国主要的养殖淡水龟类，种龟存量 100 万～ 150 万只，养殖年产量超 1 万吨，年繁殖量达 1200 万只。其他国家尚未见有大规模乌龟人工养殖的报道。

◆ **价值**

乌龟肉、卵可食用，有滋补功效；腹甲可入药，称龟板。

山瑞鳖

山瑞鳖属动物界爬行纲龟鳖目鳖科山瑞鳖属一种。又称甲鱼、团鱼、山瑞、瑞鱼。

在中国，山瑞鳖分布于广东、广西、海南、四川、云南、贵州等地；越南、夏威夷等地也有山瑞鳖分布。

◆ **形态特征**

山瑞鳖外形酷似中华鳖，但体形较大，背甲呈卵圆形。头较大，头背光滑。吻较长，形成吻突。鼻孔开口于吻突前端。眼小，吻突长与眼径略相等。两眼具棕红色圆环。颈部较长，颈基部两侧各具一团大瘰疣；背甲前缘有 1 ～ 2 排粗大疣粒，具中央脊，背甲后缘裙边宽大，其上结节大而密。四肢扁圆，蹼发达，各 5 趾，内侧 3 趾有爪。尾短但尾基宽厚。头和颈背部、

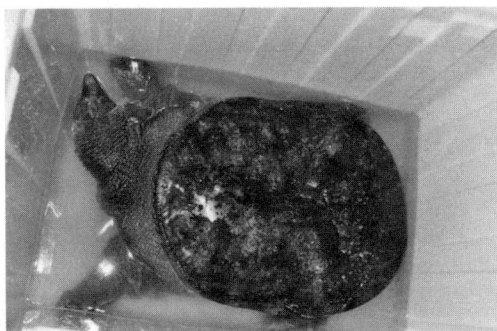

山瑞鳖全身

山瑞鳖头部和颈部

四肢外侧及背甲因栖息环境不同呈橄榄色或棕褐色，并具不太清晰的黑斑数个。腹部灰白色，且具不规则的汗斑。幼体背甲表面布满疣粒，眼后有一淡黄色条纹向后延伸至颈侧，腹部浅米黄色。

山瑞鳖与中华鳖的明显区别：山瑞鳖体形比较肥厚，背面有黑斑，大部分面积有分布不匀但大小基本一致的疣粒，这些疣粒在后半部的边缘上较多；后半部边缘较宽厚。颈基部两侧各有一团大瘰疣，背甲前缘有一排明显的粗大疣粒。

◆ 生活习性

山瑞鳖生活于江河和山塘水库中，尤喜栖于清澈流动的山涧溪流中。山瑞鳖喜静怕惊，白天少活动，夜间有时到陆地上寻食。天气晴朗时，山瑞鳖除在繁殖期上岸较多外，其他时间很少上岸，多数时间均是待在水里。山瑞鳖对环境适应性很强，饱餐后可维持 7 天不进食。

◆ 生长和繁殖

山瑞鳖的生长适温是 20～31℃，最适温度为 25～30℃。18℃停止摄食。当水温降至 15℃以下，就潜伏淤泥中冬眠，20℃以上结束冬眠外出活动。冬眠期较中华鳖短。山瑞鳖为肉食性动物，以软体动物、甲壳动物及鱼虾等为食，也摄食动物尸体。在人工饲养下，山瑞鳖可食禽畜内脏或配合饲料。

山瑞鳖 3 龄即可达性成熟。成熟的个体背甲长 23～30 厘米，宽11～20 厘米，体重 1.2～1.4 千克。最大个体达 9～10 千克，通常雄性大于雌性。每年 5～9 月为繁殖期。春季水温达 20℃以上发情交配，交配常在水中进行。雌体在夜间爬上岸在沙泥地挖洞产卵。属分次产卵类型，每次产卵 2 ～ 28 枚。多数山瑞鳖每年产卵 1 ～ 3 次，多数为 2 次。卵圆形，壳硬，白色，卵径 1.5 ～ 1.7 厘米，重 7 ～ 13 克。当气温在 22 ～ 33℃时，受精卵约需 80 天孵出稚鳖。

◆ **资源概况**

山瑞鳖属濒危物种红色名录中濒危种，中国二级保护动物。中国人工养殖有一定规模，适宜在室内外池塘、阳台、楼顶水池养殖，养殖密度 1 ～ 3 只 / 米 ^{2}。

三线闭壳龟

三线闭壳龟属动物界爬行纲龟鳖目地龟科闭壳龟属一种。又称金钱龟、红边龟、金头龟、红肚龟、断板龟等。属中国二级保护动物。

在中国，三线闭壳龟分布于云南、广东、广西、海南、福建及港澳台等地。越南、老挝等国也有三线闭壳龟分布。

◆ **形态特征**

三线闭壳龟体中等。头细长，顶部蜡黄、光滑无鳞，喉颈部浅橘红色，头侧眼后具棱形褐斑块。眼大，鼓膜清晰。背甲较低，卵圆形，红棕色，有 3 条黑色纵纹，中央一条较长（幼体无）。腹甲与背甲大致等长，黑色，边缘黄色，

三线闭壳龟头侧眼后棱形褐斑块

背腹甲间、胸盾与腹盾间均靠韧带相连，龟壳可完全闭合。四肢扁平，前肢有大鳞。腋窝、四肢、尾部橘红色。指、趾间具蹼，尾短而尖细。

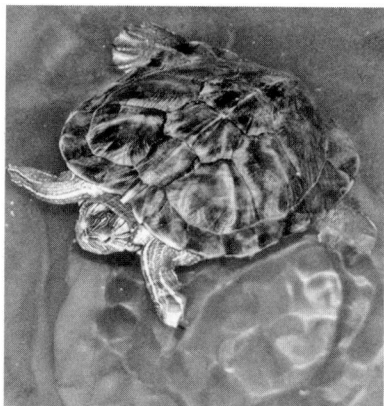

三线闭壳龟

◆ **生活习性**

三线闭壳龟栖息于山区溪水地带，群居或穴居，也爬到潮湿的山涧、草丛及稻田内活动。白昼多隐藏于洞穴或水草茂盛处，高温或受惊时潜入水底。早晚活动。生长适温为 24～32℃，致死高温 45℃，致死低温 4℃。13～15℃进入冬眠。三线闭壳龟杂食性，野外觅食鱼虾、野菜、野果等，喜欢吃蚯蚓、蜂蛹及动物内脏。三线闭壳龟胆小，人工养殖喜陆栖，以肉食性为主。

◆ **生长与繁殖**

三线闭壳龟同龄雌性较雄性生长快。250～400 克雌性生长旺盛，200～250 克的雄性生长最旺盛，年增重达 300 克。雄龟性成熟年龄为 5 龄，雌龟为 8 龄。每年 4～10 月交配，产卵时间为 5～10 月，产卵旺季在 6～7 月，多在傍晚产卵。三线闭壳龟每年产卵 1 次，少数产卵 2 次。每窝 2～8 枚，卵壳白色，长圆形，孵化期 3 个月。

◆ **资源概况**

三线闭壳龟野生数量稀少，除深山老林之外，平原和丘陵地区已经绝迹。中国种龟存量约为 1 万只。三线闭壳龟原是中国南方著名食用龟种，可入药，亦可观赏。因此，三线闭壳龟已有人工养殖。

马来闭壳龟

马来闭壳龟属动物界爬行纲龟鳖目地龟科闭壳龟属中一种。又称安布闭壳龟。

马来闭壳龟广泛分布于东南亚热带地区，印度东北部、孟加拉国、缅甸、泰国、印度尼西亚、马来西亚半岛和新加坡等。在中国，马来闭壳龟分布于广东、广西。

◆ **形态特征**

马来闭壳龟头部橄榄色、顶部具黄色细条纹且延伸至后部，头侧具数条黄色条纹。有进化完全的腹甲铰链结构，头部和四肢收缩后，甲壳可完全闭合。背甲光滑，且隆起呈半球形，中央有嵴棱；壳高约等于壳长的1/2，后缘圆，无凹缺。背甲橄榄色、褐色或黑色，腹甲黄色或米色。四肢背部黑褐色，指、趾间具蹼。尾适中，成年雄性腹甲凹陷，成年雌性腹甲平坦。

◆ **生活习性**

马来闭壳龟属半水栖龟类，幼体完全水生。马来闭壳龟栖息在溪流、沼泽地、离水不远的低洼地及水稻田等水流缓慢、地质松软的水域。马来闭壳龟性温顺，胆小。人工饲养条件下，马来闭壳龟喜生活在水中，温度高时爬到岸边休息。环境温度22～25℃时，马来闭壳龟正常进食；18℃左右时停食，15℃时不动或少动，随温度进一步降低而进入冬眠。自然条件下，马来闭壳龟有明显的食草性；人工养殖条件下，马来闭壳龟可食动物性饲料，如蠕虫、蜗牛等，也食瘦肉和香蕉等。

◆ **生长与繁殖**

马来闭壳龟个体重 1 千克左右可产卵。产卵季节为 4 ～ 6 月。马来闭壳龟卵细长形；每窝有 3 ～ 4 枚，多数 2 枚；卵长径 46 ～ 57 毫米，短径 35 ～ 37 毫米；卵重 25 ～ 29 克。

◆ **养殖概况**

马来闭壳龟规模繁殖技术还不成熟，繁育周期长，亟待建立比较完善的种龟养殖、商品龟养殖、种苗繁育市场。

黄缘闭壳龟

黄缘闭壳龟属动物界爬行纲龟鳖目地龟科闭壳龟属一种。又称夹板龟、克蛇龟、断板龟。

黄缘闭壳龟分布于中国南方各省及日本等国。

◆ **形态特征**

黄缘闭壳龟头中等大，黄色或橄榄色，头背皮肤光滑无鳞，眼后有黄色 U 形弧纹。吻短。眼大，鼓膜圆而清晰。背甲隆起，中央嵴棱明显，淡黄色，盾片上同心环纹清晰，缘盾腹面淡黄色。

黄色头的黄缘闭壳龟

腹甲平坦，黑色无斑点。胸盾与腹盾间、背甲与腹甲间均以韧带连接。

四肢扁圆有鳞片，灰褐色，指、趾间具半蹼。尾较短，尾基及股后有疣粒。雄性尾基棘状疣亦强。

橄榄色头的黄缘闭壳龟

◆ 生活习性

黄缘闭壳龟属半水栖龟类，不适宜在深水中生活。黄缘闭壳龟多栖息于丘陵、山区的丛林、灌木中等地，且离水较近。黄缘闭壳龟喜群居，性情温和。受惊时，黄缘闭壳龟头尾及四肢均可缩入甲中。黄缘闭壳龟夏季多于夜间活动，白昼隐于柴草或溪谷边乱石中阴凉处。黄缘闭壳龟杂食性，以昆虫类动物性食物和果实类植物性食物为食；人工饲养可食青菜、饭、蚯蚓、鼠、蛙，以及猪肠、鸭肠等。温度 25 ～ 30℃时，黄缘闭壳龟主动摄食；35℃时，黄缘闭壳龟烦躁不安并停食；温度低于 18℃时，黄缘闭壳龟停食；低于 10℃时，黄缘闭壳龟进入半冬眠状态。

◆ 生长与繁殖

黄缘闭壳龟生长较慢，自然条件下年增重仅 20 ～ 80 克，个别龟增重还不足 10 克。雌龟体重可达 1 千克以上，雄龟不超过 500 克。同龄雌龟大于雄龟，雄龟 280 克、雌龟 450 克以上开始性成熟。每年 4 ～ 10 月交配，5 ～ 9 月产卵，一年可产卵一次或多次，每次产卵 1 ～ 4 枚。卵呈长椭圆形，卵壳灰白色，长径 40 ～ 46 毫米，短径 20 ～ 26 毫米，重量 8.5 ～ 18.6 克。

◆ 养殖概况

中国人工饲养黄缘闭壳龟历史较短，在现有技术水平下，很长时间都难缓解供求紧张的矛盾，是一种养殖前景很好的龟种。

◆ 价值

黄缘闭壳龟可食用、药用、观赏用。药用时，可制成"断板龟片"，用以骨结核、关节结核及淋巴结核等；亦可制成"断板注射液"，可治各种结核病、痔疮出血等；还可作为癌症辅助药。

黄喉拟水龟

黄喉拟水龟属动物界爬行纲龟鳖目地龟科拟水龟属一种。又称石龟、水龟、黄板龟。黄喉拟水龟是中国南方常见龟类之一，可接种藻类生成"绿毛龟"供观赏。

黄喉拟水龟分布于越南和日本。在中国，长江以南各省区均有黄喉拟水龟分布。

◆ 形态特征

黄喉拟水龟头部较小，头顶平滑无鳞，淡橄榄色，两条黄色条纹自眼缘经头侧延伸到颈部。喉部淡黄色，部分有深色斑点。背甲扁平，棕黄色或褐色，边缘锯齿状，中央嵴棱明显，稚龟两侧具侧棱。腹甲黄色，盾片外侧具黑斑。腹甲前缘上翘，后缘缺刻较深。甲桥明显，背甲与腹甲借韧带相连。四肢背面灰褐色，腹面淡黄色，指、趾间具蹼，末端具爪。尾细短。

◆ **生活习性**

黄喉拟水龟属半水栖龟类。黄喉拟水龟栖息于河流、稻田、湖泊，常到附近灌木及草丛中活动。每年 11 月中旬至翌年 3 月底为黄喉拟水龟冬眠期。黄喉拟水龟杂食性，以动物性食物为主，人工养殖条件下尤喜食鲜肉类；也食水生植物。黄喉拟水龟个体间生长差异大，体重 50 克以下时生长缓慢，50 克以上增重明显。人工饲养下，性成熟需 5 ～ 6 年。黄喉拟水龟繁殖期为每年 5 ～ 10 月，产卵高峰期在 5 ～ 6 月。黄喉拟水龟繁殖力较低，窝卵数 1 ～ 7 枚，平均 2.5 枚。黄喉拟水龟卵壳灰白色，长椭圆形。黄喉拟水龟适宜孵化温度为 26 ～ 29℃，29℃为性别决定临界温度，超过 33℃则影响胚胎发育。黄喉拟水龟孵化时间约为 73 天。

◆ **养殖概况**

黄喉拟水龟背甲富含胶质，可人工接种藻类生成"绿毛龟"供观赏。黄喉拟水龟肉可食用，有滋补功效。20 世纪 90 年代已开展人工养殖，在中国华南地区发展迅速，已形成规模化产业。该龟市场需求量较大，对环境要求宽松，繁养技术容易掌握，人工养殖具有较好市场前景。

佛罗里达鳖

佛罗里达鳖属动物界爬行纲龟鳖目鳖科鳖属一种。别称珍珠鳖、美国山瑞鳖。

佛罗里达鳖主要分布于美国中、南部。1996 年，佛罗里达鳖开始引入中国养殖。

◆ 形态特征

佛罗里达鳖体形基本呈椭圆形，体表光滑。头中等大，头部具浅黄色或灰色斑纹，背甲灰绿色，有分散的弥漫性圆形斑块，前端、后缘有众多点状疣粒。苗种期颜色乌黑，背甲带有珍珠状斑点，前缘较为圆滑，有数列疣粒，裙边发达，具黄色边缘，头部较小布有金黄色条纹，吻突较长。四肢较扁，蹼发达，各5趾，内侧3趾有爪。尾短，雄性尾尖超出裙边。背橄榄色或棕橄榄色，腹甲灰白色。

◆ 生活习性

佛罗里达鳖多生活于湖、河等淡水水域。佛罗里达鳖杂食性，以软体动物、甲壳动物和鱼虾等为食。佛罗里达鳖生长速度快，在恒温下平均年增重2千克以上，最快能达到年增重5千克，多数个体恒温养殖2年能达5千克。佛罗里达鳖生长适温18～31℃，最适温度为27～30℃。自然温度下，佛罗里达鳖4～5龄性成熟，繁殖期为每年4～8月。佛罗里达鳖卵呈球形，直径为24～32毫米，孵化期为60～70天，人工养殖条件下，3～4龄性成熟。佛罗里达鳖个体较大，稚鳖可达8～14克，雄性个体最大甲长33厘米，雌性60厘米左右，最大可达66厘米。

◆ 养殖概况

佛罗里达鳖性情温顺，室内外均可养殖。养殖密度1～4只/米^2。中国于20世纪90年代初从美国引进少量佛罗里达鳖稚鳖并开展人工养殖试验，因其具有生长快、出肉率高、味道鲜美、营养价值高等特点，深受水产养殖户和消费者的青睐，已成为重要的水产养殖品种之一。

安南龟

安南龟属动物界爬行纲龟鳖目地龟科拟水龟属一种。安南龟属国际二类保护动物，也属世界濒危龟类之一。

安南龟主要分布在越南中部地区，也为越南一级保护动物。安南龟头顶深橄榄色，前部边缘有淡色条纹，延伸至眼后，侧部有黄色纵条纹。颈部有橘红色或深黄纵条纹。背甲黑褐色。腹甲黄色且每块盾片上有大块黑斑纹。四肢灰褐色。指、趾间具蹼。雄性背甲窄且长，腹甲中央凹陷，尾粗，肛孔距尾部较远，雌性反之。

安南龟属水陆两栖动物。自然条件下，安南龟喜栖于浅水小溪、潭及沼泽地中。人工饲养条件下，安南龟喜群居，也常到附近的灌木及草丛中活动。安南龟生存适温 0～40℃，最适温度 22～28℃，水温 10℃左右进入冬眠。安南龟杂食性，以肉食为主，喜食鱼虾、螺、蚌、蜗等动物性饵料，也吃嫩植物。安南龟性成熟年龄为 4～5 龄，野生龟体重 400 克以上，可做亲龟。安南龟长年均可交配，每年 5～10 月为繁殖期；广东在 4 月末至 8 月末，6～7 月为产卵旺季。自然环境中，安南龟在水中或陆地交配，多在夜间进行。安南龟产卵于岸边坐北向南、沙土松软、隐蔽较好的场地；每年产卵 1～3 次；卵呈长椭圆形，卵壳灰白色，卵重 10～20 克，长径 3.1～5.5 厘米，短径 1.8～2.7 厘米。

中国少有安南龟养殖。安南龟也被出口国列为重点保护动物。

本书编著者名单

编著者 （按姓氏笔画排列）

马国军	王卫民	王忠卫	王贵英
王炳谦	邓华堂	石连玉	卢迈新
史　燕	白志毅	白俊杰	吕业坚
朱振秀	朱新平	刘少军	江　河
孙大江	李　忠	李　清	李传武
李家乐	杨国梁	杨建新	杨德国
连总强	肖汉兵	吴旭东	邹桂伟
张晓娟	陈大庆	陈立侨	陈细华
罗宏伟	罗相忠	金　华	金万昆
孟　彦	赵　建	柳　凌	桂建芳
贾智英	徐　跑	徐东坡	徐钢春
高永平	梁宏伟	董在杰	蒋速飞
景　丽	傅洪拓	戴银根	魏开金